影视特效制作

FILM AND TELEVISION
SPECIAL EFFECTS
PRODUCTION

陈 玲 著

图书在版编目（CIP）数据

影视特效制作 / 陈玲著.—上海：上海人民美术出版社，2018.1

新视域·中国高等院校数码设计专业十三五规划教材

ISBN 978-7-5586-0401-0

Ⅰ.①影… Ⅱ.①陈… Ⅲ.①图像处理软件-高等学校—教材 Ⅳ.①TP391.413

中国版本图书馆CIP数据核字（2017）第119770号

影视特效制作

著　　者：陈　玲

主　　编：陈洁滋

策　　划：孙　青

责任编辑：孙　青

见习编辑：陈娅雯　马海燕

技术编辑：季　卫

整体设计：陆维晨

排版制作：陆维晨　赵　悦

出版发行：上海人民美術出版社

　　　　　上海市长乐路672弄33号

　　　　　邮编：200040　电话：021-54044520

网　　址：www.shrmms.com

印　　刷：上海印刷（集团）有限公司

开　　本：787×1092　1/16　13.75印张

版　　次：2018年1月第1版

印　　次：2018年1月第1次

印　　次：0001-3300

书　　号：ISBN 978-7-5586-0401-0

定　　价：48.00元

前言

　　影视特效为影视行业中的重要组成部分，随着影视技术的发展，在本行业中，所占的比重越来越大。

　　本书通过实际案例，讲解 Adobe After Effects 软件的主要技术重点，将命令和设置规律植入到项目的制作过程中。本书共 6 个章节，第一章中对影视特效的基本知识进行分析和讲解；第二章详细介绍如何根据不同需求建立项目；第三章重点讲解如何在 AE 中进行动画设置；第四章则对抠像和调色进行介绍；第五章着重讲解粒子与仿真系统； 第六章则通过一个具体的案例操作，演示如何综合运用各项技术进行创作。本书以项目的方式构成全篇，希望将自己十多年的教学经验和创作经验融于其中。

　　在此，我们要特别感谢上海工艺美术职业学院数码学院的陈洁滋院长、上海人民出版社的孙青老师，正是由于你们的不断鼓励和帮助，才能够让我们完成本书的创作；另外我们还要感谢上海国际艺术节，在与你们合作创作的过程中，让我们有了较大的进步，感谢李梦怡同学在本书的创作过程中所付出的劳动。

　　由于作者知识水平有限，难免有疏漏之处，恩请广大读者批评指正。

目录
CONTENTS

第一章

THE BASIC KNOWLEDGE OF THE LATE EFFECTS OF FILM AND TELEVISION

影视后期特效的基础知识

一 什么是后期特效

影视,包括电影和电视,影视媒体目前已经成为全世界具有最广泛受众群的大众媒体之一。从好莱坞大片的科幻世界,到每天播出的电视剧、电视新闻,再到铺天盖地的电视广告,多种多样的画面信息令人眼花缭乱,而这些效果,在后期特效技术被广泛应用之前远不是这样。在过去,影视节目的制作对于大众来说是相当神秘的。这个过程需要非常昂贵的专业硬件和软件,非专业人员根本无法接触到这些设备。随着计算机的发展,数字技术逐渐全面进入了影视制作行业,以前昂贵的专业设备逐渐被计算机所替代,大众也随着计算机的普及,逐渐能够接触并掌握一些制作的技术。

前几年,影视制作基本还集中在专业的计算机设备中,随着这几年 PC 性能不断加强,原先高端的软件也逐渐移植到了 PC 上,价格也日益大众化,使得影视制作的技术不断能够得到发展、普及和越来越广泛的应用。目前,影视制作和后期特效的技术已经扩大到了电脑游戏网络、家庭娱乐等多个领域中去。无论对于专业的影视制作者还是热情的影视爱好者,现在只要有一台配置相对较好的 PC 和相应的软件,就可以制作出一些非常优秀的作品了。

对于后期特效来说,常用的软件有:

Flame:是 Discreet 公司出的运行在 SGI 工作站上的专业后期合成软件,但软件价格昂贵,而一台 SGI 工作站的价格也在数万到数十万美元。

Shake:是 Nothing Real 公司开发的一个高效的合成软件,最多可以同时支持 80 个 CPU 的运算(PC),目前除了 NT 平台以外,还有 Linux 和 Mac OS 等各种不同的版本。广泛应用于电影,广播,高清晰度电视等视频制作行业。SHAKE参与制作的影片有《角斗士》,《黑客帝国》,《泰坦尼克号》,《魔戒三部曲》,《珍珠港》《人工智能》等影片。

Combustion：是 Discreet 这样的高端软件制造商开发的运行在 PC 平台上的合成软件系统。其优点是，虽然它 和 SGI 平台的合成软件之间尚有较大差距，但是它可以和一些高端合成软件共用一些修改工具，Combustion 制作的抠像和校色信息可以直接被这些高端软件识别。但是 Combustion 对硬件的要求要比 After Effect 高一些，这使得它的使用受到了一定的限制。Combustion 和 3ds max 整合较好。

Digital Fusion：它擅长后期合成和制作影视特效，尤其适合于和 Softimage、Maya 这些超级三维软件配合使用。

After Effects：这是后期特效中最通用的后期软件，也是现在为止使用最为广泛的后期合成软件，它可以和大多数目的 3D 软件进行配合使用。Adobe 本身是生产平面处理软件 Photoshop 起家的软件公司，Photoshop 被图像领域广泛的使用。After Effect 对硬件性能要求并不是很高，而在特效方面功能强大、专业性强，一般绚丽多彩五花八门的特效都能制作出，这些特点使得它成为了使用最广泛的合成软件。

图 1 对软件进行基本设置

二 软件的基本设置

在第一次使用软件的时候需要对软件进行基本设置,如图1所示。其中包括常规设置、预演设置、显示设置、导入设置、输出设置、网格和参考线设置、标签颜色设置、默认标签设置、内存与缓存设置、视频预演设置、自动保存设置以及用户界面颜色等。如图 2 所示。大家可以根据自己电脑的状态和操作习惯进行设置。

图 2 各种设置

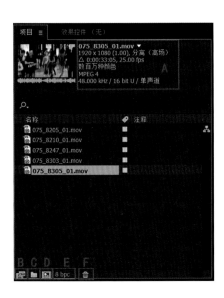

图 3 项目窗口

图 4 解释素材窗口

三 主要界面介绍

1 项目窗口介绍:

项目窗口、合成窗口和时间线窗口是 AE 中最重要的三个窗口。掌握好这三个窗口的用法是学好 AE 的重要基础。项目窗口是一个也是素材管理窗口,所有的素材、合成、文件夹都首先在项目窗口中进行管理。

在项目窗口中,A 区域显示文件的类型、分辨率、时间长度、色彩信息、格式和声音信息等,如图 3 所示。在项目窗口的下方,有一些小图标,这些小图标分别是:

B 图标是解释素材图标,通过该图标可以对素材的帧率等信息进行调整设置。如图 4 所示。

C 图标是新建文件夹图标。通过新建文件夹可以对素材进行管理。

D 图标是新建合成图标,单击该图标,则调出新建合成窗口;若将项目窗口中的素材拖动到该图标上,则新建了和该素材设置完全一样的合成。

E 图标为项目设定图标,可以对项目的色彩深度等信息进行调整设定。

图 5 项目设置

F 图标是垃圾桶图标,将素材拖到该图标上,则会从项目中将素材删除,如图 5 所示。

在项目窗口中,要学会对素材进行整理,合理地进行管理。因为在一个项目的制作过程中,素材往往很多很复杂,只有合理地管理素材才能够更加高效地利用素材。

2 合成窗口介绍:

合成使 AE 中的一个重要单位,合成包含了所有的动画,容纳了所有的层。从外面调入的素材只有进入合成才真正开始进行编辑使用。合成是层的集合,合成可以是一个独立的单位,合成和合成之间也可以相互嵌套,被嵌套的合成此时就被当作层来处理。

(1) 新建合成

在 AE 中,只有创建了合成才能够开始后期的处理。创建合成有多种方法,常见的方法有:

通过菜单进行创建: 执行合成—新建合成命令;

通过快捷键 Ctrl+N 进行创建;

单击项目窗口中的新建合成按钮;

图 6 新建合成

图 7 修改合成

将素材直接拖动到项目窗口的新建合成中。

前面三种新建合成的命令下达之后，都要对合成的基本参数进行设置，其中包括分辨率、像素比、帧速率、开始时间吗和持续时间码等。第四种方法不需要设置参数，而完全套用了素材所有的属性，如图 6 所示。

（2）修改合成

合成创建好之后，要再进行修改，则需要通过合成 | 合成设置或者是快捷键 Ctrl+K，调出合成设置对话框。参数的设置方法基本和新建时一样，如图 7 所示。

A，改变显示比例：可以通过快捷键 Ctrl++ 和 Ctrl+- 来放大和缩小显示比例；也可以调用工具栏上的放大工具放大显示比例，若按住 Alt 键则缩小显示比例；另外还可以通过点击显示显示比例按钮，在下拉列表中选择合适的显示比例。

B，安全框：由于电视机是隔行扫描，所以电视机在播放视频图像时，和逐行扫描的电脑显示器相比，范围要稍微小一些。正因为此，此处有一个安全框设置，按下该按钮，在窗口中出现两个方框，一个叫作运动安全框，另一个叫作字幕安全框。为了能够保证视频的完整播出，一般将重要的内容置于运动安全框内，而字幕则尽量加在字幕安全框内。

C、D.快照 | 显示快照：在处理素材的过程中，AE 支持利用快照功能来抓去窗口中的图像，单击快照按钮，为当前画面制作快照，单击显示快照按钮，则在窗口中显示快照。

E.通道显示按钮：单击合成窗口中的图标，通过显示出来的下拉菜单，可以选择红、绿、蓝和 Alpha 通道的单独显示。

F.分辨率调整窗口：在处理的过程中，为了加快速度可以改变显示的分辨率。

G.目标显示：控制在合成窗口中的显示范围。

H.背景显示为透明网格。

I.3D 弹出式窗口：用于三维状态下的视点控制。

J.视图布局：用于控制合成视图布局。

K.打开合成结构面板，这是一个非常有用的面板。一个后期合成的项目，往往需要一个团队的合作，当后一个工作者接到前一

图 8 合成结构面板

个工作者转接过来的任务时，为了能够清楚地了解前一个人的工作思路，此时，可以借助这个窗口来查看项目的结构，如图 8 所示。

3 时间线窗口介绍：

在 AE 中，合成和时间线是一一相对的，一个合成对应一个时间线。通过双击项目窗口中的合成，可以将相应的时间线窗口打开。时间线窗口以时间和层作为单位进行操作。在时间线窗口中可以完成对素材的特效、动画等设置，如图 9 所示。

Timeline 窗口包括以下几个部分：

（1）层属性区域

在这个区域中，有一系列的图标来显示层的相关属性，包括：

A：时间码，标示当前时间线的时间码，可以通过单击该时间码，手动输入时间，控制时间线。

B：视频控制，是否在合成中显示出素材的画面。

C：音频控制，是否使用音频，这一选项仅仅对音频层起作用。

D：独奏标志。若启用该标志，则在合成中只显示该层；如果多层启用该标志，则显示所有启用独奏标志的层。由于合成中包含的层常常非常复杂，该图标能够非常直接快速地查看某一层或某几层的画面。

E：锁定该标志，启用该标志，层都会被锁定，不能被操作。

F：色块显示，根据前面的初始设置，不同类型的素材显示出不同的色块。

G：#，层标号。

H：源名称，显示出素材层的名称。

图 9 Timeline 窗口

（2）层控制区域

单击层窗口左下方的"展开或折叠图层开关窗格"，可以打开打开层控制面板的另外一部分，如图 10 所示。

A：消隐开关：该按钮要和时间线上方标签中的退缩按钮 A 同时启用。当这两个按钮同时启用时，在时间线上将隐藏开启了退缩按钮的层，这样的层叫作 Shy 层。

B：卷展变化 I 连续光栅按钮：该按钮用于嵌套的合成、Illustrator 的矢量文件。当层为纯色层、空对象层、调整层或者是合成时，该按钮处于卷展变化状态，打开该按钮可以改进图像质量并减少渲染时间。若是 Illustrator 的矢量文件层，该按钮为卷展变化状态，打开该按钮，AE 将按照当前项目的设置重新计算分辨率。

C：质量和采样控制开关：该开关控制素材在合成中的显示质量。有草图质量和最高质量两个选项。单击该开关可以在草图质量和高质量之间转换。

D：特效开关：该开关用于隐藏和显示层上所添加的特效。

E：帧融合开关：该按钮要和时间线上方标签中的帧融合按钮同时启用。在 AE 中，当素材的帧率低于合成的帧率时，帧融合技术通过在帧之间添加新帧来进行弥补，减少图像可能出现的抖动。当素材的帧率高于合成的帧率时，AE 能够通过帧融合技术来重新组合帧来减少抖动。

F：运动模糊开关：该按钮要和时间线上方标签中的退缩按钮 F' 同时启用。该开关能够模拟出真实的运动模糊的效果，但是仅对运动层有效，对素材层不产生效果。

G：调整图层开关：该图标表示该层为调整图层。

H：三维层开关：该图标能够使得图层在两维层和三维层之间相互转化。

Parent 父层栏：在该栏中可以为当前层设置一个父层，当对父层进行操作时，当前层也会发生变化，但若对当前层进行操作，对父层不会产生影响。

如图 11 所示，图层 2 的父层是图层 1："空 1"，当图层 1 发生变化时，图层 2 也会随之产生变化，但是当图层 2 发生变化时，图层 1 不会有任何影响。

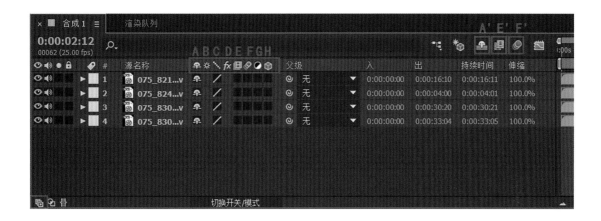

图 10 层控制区域

图 11 Parent 父层栏

图 12 时间的进出点控制区域

图 13 时间伸缩

（3）时间的进出点控制区域

对于每一个图层来说，可以精确定位每一层的进点、出点、持续时间和速度，这一操作通过打开进出点控制按钮来进行设置，如图 12 所示。

这些参数都可以进行手动设置。其中"持续时间"参数和"伸缩"参数是相对应的。当修改"伸缩"参数时，相应的"持续时间"参数也会发生变化。通过 Stretch 参数的修改，可以对素材进行快放和慢放，如图 13 所示。

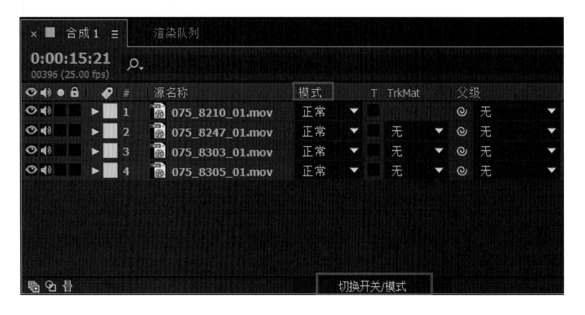

图 14 层叠加模式控制区域

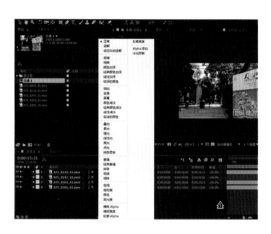

图 15 改变叠加方式

（4）层叠加模式控制区域

层的叠加模式是 AE 中非常重要的一块内容，在实际的项目中应用也非常广泛，这和 Photoshop 中非常相似。层的叠加模式就是位于上方的图层以何种方式和下方的图层进行叠加。在 AE 中改变图层之间的叠加模式的操作是，单击层窗口左下方的转换按钮，调出层叠加面板，如图 14 所示。

在时间线上选择需要改变叠加方式的图层，点击时间线上的层混合面板，选择所需要的混合模式。不同的混合模式，代表着上下两层以不同的算法进行叠加显示，获得各种不同的效果，如图 15 所示。

在 AE 的界面中，用途最为广泛的就是以上窗口，需要大家在做案例值钱熟悉它们的基本用法和设置。其他一些窗口，将在以后的案例中给大家进行具体应用的介绍。

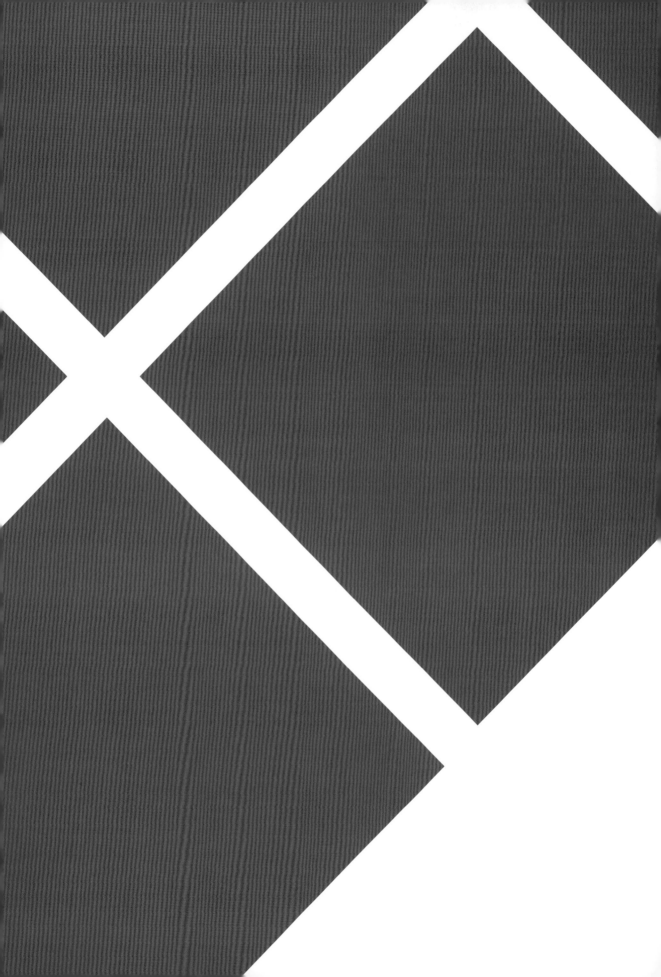

第二章

CREAT A PROJECT

创作一个项目

一 创建项目并导入素材

1 认识操作窗口

After Effects 中的面板主要有：菜单栏、工具栏项目面板特效控制面板、时间线面板、合成窗口、信息面板、音频面板和预览面板等，如图 1 所示。

（1）菜单栏：集合了 AE，所有的功能和操作命令，包括 9 个菜单。通过菜单的操作可以完成项目管理、编辑项目、调整视图等操作。

（2）工具栏：包括了 AE 进行合成和编辑项目时经常使用的工具（如移动、缩放、旋转、文本输入等）。

（3）项目面板：用于管理素材和合成。在项目面板中可以很方便的进行导入，删除，编辑等操作。项目面板的上半部分为素材的缩略图窗口，右侧为素材的基本信息。

（4）特效控制面板：用于编辑视频，主要针对事件线上的素材进行编辑的特效处理。

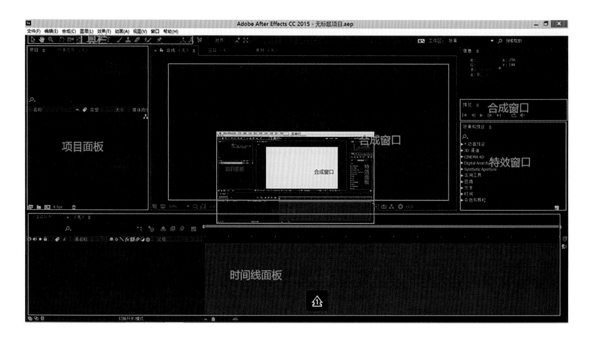

图 1 主要面板

（5）时间线面板：是进行素材组织的主要操作区域，主要用于管理层的顺序和设置动画关键帧。

（6）合成窗口：视频的预览区域，能够直接的观察要处理的素材文件显示效果。

（7）信息面板：主要用来显示光标在视频中的相关信息，以及所选对象的信息（包括当前层的名称、位置。持续时间。出点和入点等）。

（8）音频面板：主要显示播放合成作品时的音量级别，进行音量设置。

（9）预览面板：控制素材图像的播放和停止，进行合成内容的预览操作及相关设置。

不同面板内的操作方式，将在后续课程中具体学习。

2 导入素材文件

打开 AE 后，进行素材文件的导入。可以导入图像、动态视频、序列帧、psd 文件等。

但需要注意导入后不要更改素材的路径及名称，以免导致素材的链接失效。

图 2 导入文件

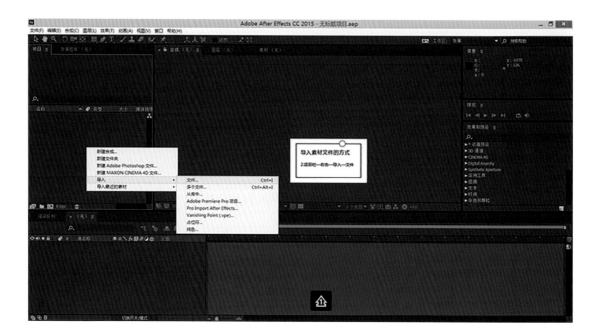

图 3 导入文件

可以有以下几种导入方式:

(1)点击"文件菜单栏",选择导入—文件,
如图 2 所示。

(2)在"项目栏"面板中右键,选择导入—
文件,如图 3 所示。

(3)双击"项目栏"面板,直接进行导入,
如图 4 所示。

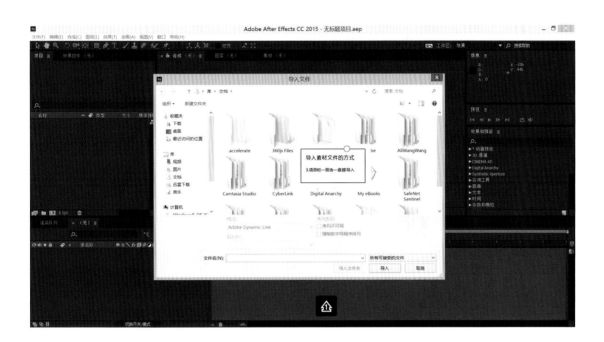

图 4 导入文件

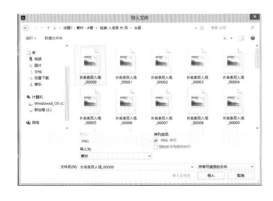

图 5 导入对话框

在进行序列帧导入时需注意：导入对话框下方的"PNG/JPG/TIF 序列"复选框，勾选则导入连续的图片序列。若只想导入单张图片，则取消勾选，如图 5 所示。

同时 AE 可以直接导入 PS 所生成的 PSD 格式文件。当选择 PSD 文件时会出现三种导入方式。

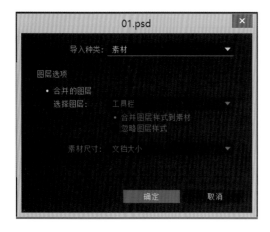

图 6 导入种类—素材

（1）导入种类—素材（如图 6 所示）。

整个 PSD 文件会以合并图层的形式导入到合成中。如果"选择图层"则要进一步选择需要导入的具体图层。

（2）导入种类—合成（或合成保持图层大小）（如 7、8 所示）。

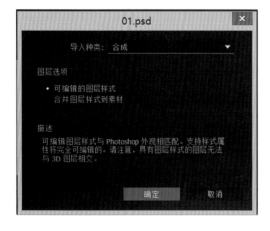

图 7 导入种类—合成

图 8 导入种类—合成

After Effects支持的常见格式包括：

1.动画格式

（1）AVI　（2）MPG　（3）MOV　（4）RM等

2.图片格式

（1）JPEG　（2）BMP　（3）GIF　（4）PSD

（5）TGA　（6）TIFF等

3.音频格式

（1）MID　（2）WAV　（3）AIF等

图 9 支持的音视频格式

将 PSD 文件以分层的方式导入。导入后，所有图层都包括在一个跟 PSD 文件相同文件名的文件夹中。同时系统会自动创建一个同名的合成，双击这个合成图标，在"时间线"面板中可以看到 PSD 文件里所有层在 AE 中同样以图层的方式排列显示，并且可以单独对每个层进行动画操作。

其中，合成与合成保持图层大小的区别为：前者所有图层以合成中心点作为中心点；后者所有图层以自身中心点作为中心点。

3　支持的音视频格式

AE 支持多种格式的音视频文件导入。尤其和 Adobe 旗下的其他产品所生成的格式文件，有较好的联动，如图 9 所示。

图 10 新建合成

图 11 点击影片图标

图 12 合成设置

二 创建合成

一 合成的基本设置

新建合成有以下几种方式:

(1)点击合成菜单栏,选择新建合成,如图 10 所示。

(2)在项目栏下方点击"影片"图标,如图 11 所示。

在进行新建合成时,系统会弹出"合成设置"对话框,如图 12 所示。

合成名称:用来设置或修改合成的名称(默认为:合成 1),可重新设定合适的名称,以便于在生成很多的合成时容易区分而不至于混淆。

图 13 常用制式

预设: 进行格式设置, 单击下拉菜单内包含的常用制式, 如图 13 所示。其中 PAL 制是每秒 25 帧图像, NTSC 制式是每秒 29.97 帧图像。PAL 制式因 fps 和帧速率等格式自身的差异而不能与 NTSC 信号规格相互转换。我国影视作品使用 PAL 制式。

宽度、高度: 以像素为单位来设定上下左右的大小。

帧速率: 决定每秒钟播放的画面帧数。例如制作 15 秒的作品, 将帧速率设置为 1, 则每秒显示 1 帧画面, 15 秒一共显示 15 帧画面, 虽然播放时间仍是 15 秒, 但只显示 15 帧画面。

持续时间: 设置合成的时间长度, 可以在后续制作过程中, 根据需求缩短或加长时间长度。

二 层的概念

AE 的操作绝大部分都是基于层的操作，层是 AE 的基础。所有的素材在编辑时都是以层的方式显示在时间线窗口中。画面的叠加是层与层之间的叠加，滤镜效果也是施加在层上的，文字、灯光、摄像机等，都是以层的方式被操作的。

层类型主要有文字层、纯色层、灯光层、摄像机层、空对象层、形状图层和调整图层，下面分别对其进行讲解，如图 14 所示。

文字层

当选择新建文本层后，在合成窗口中将出现一个闪动的光标符号，此时可以直接输入文字。右侧的"字符面板"内可具体设置字体样式和格式。文字层主要用来输入横排或竖排的说明文字，用来制作如字幕、影片对白等文字性的东西是影片中不可缺少的部分，如图 15 所示。

纯色层

新建纯色层时，将打开"纯色层设置"对话框。在该对话框中，可以对固态层的名称、大小、颜色等参数进行设置。如单击"制作合成大小"按钮，将创建一个与当前相同大小的纯色层。可以在后续制作过程中，选择改纯色层后点击图层菜单下的"纯色设置"，再次对该纯色层进行修改设置，如图 16 所示。

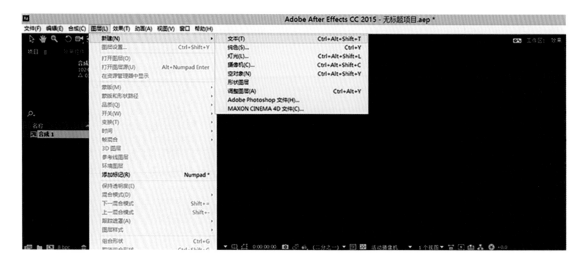

图 14 主要的层类型

图 15 文字层

图 16 纯色层

图 17 灯光类型

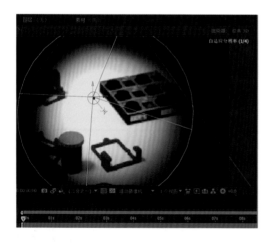

图 18 灯光层

灯光层

灯光是基于计算机的对象,用于模拟真实世界中不同种类的光源。其中包括 4 种灯光类型,分别平行光、聚光、点光、环境光。应用不同的灯光将产生不同的光照效果,如图 17 所示。

新建灯光层时,将打开"灯光设置"对话框。通过灯光类型来创建不同的灯光效果,再进行具体的灯光颜色、灯光亮度、光照范围、边缘柔和度、阴影颜色深度等设置,如图 18 所示。

可以在后续制作过程中,在"时间线窗口"中双击该灯光,再次打开"灯光设置"对话框,对灯光的相关参数进行修改。

摄像机层

摄像机是 AE 中制作三维景深效果的重要工具之一,配合灯光的投影可以轻松实现三维立体效果,通过设置摄像机的焦距、景深、缩放等参数,可以使三维效果更加逼真。摄像机具有方向性,可以直接通过拖动摄像机和目标点来改变摄像机的视角,从而更好地操控三维画面。

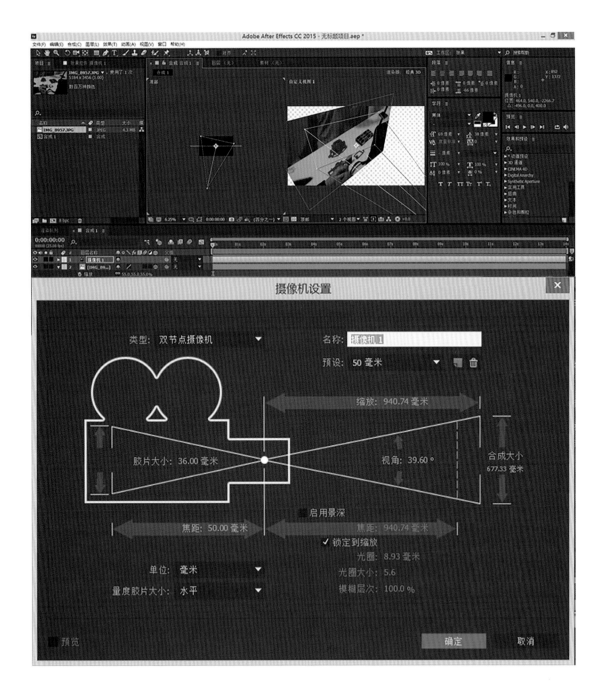

图 19 摄像机层

新建摄像机层时，将打开"灯光设置"对话框。可以设置摄像机的名称、缩放、视角、镜头类型等多种参数，也可以从预设的列表中选择合适的类型，如图 19 所示。

空对象层

空对象层是一个线框体，有名称和基本的参数，但不能渲染。主要用于层次链接，辅助多层同时变化，通过它可以与不同的对象链接，也可以将空对象用作修改的中心。当修改空对象参数时，其链接的所有子对象与它一起变化。

另一个常用用法是在摄像机的动画中。可以创建一个空对象层并且定为目标摄像机。然后可以讲摄像机和其目标链接到空对象中，并且使用路径约束设置虚拟对象的动画。摄像机将沿路径跟随空对象运动，如图 20 所示。

形状图层

在工具栏中选择"矩形工具"（下拉菜单内有多种形状），可以绘制规则图形。如图 21 所示。也可以选择"钢笔工具"进行不规则图形的绘制，如图 22 所示。

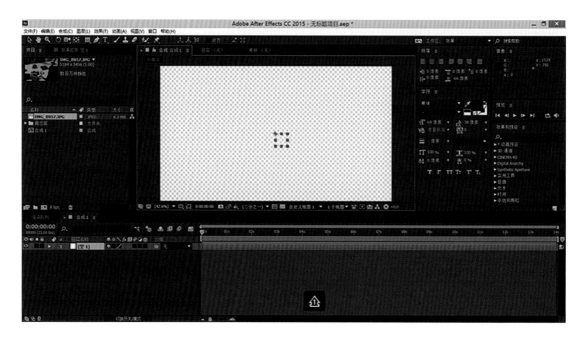

图 20 空对象层

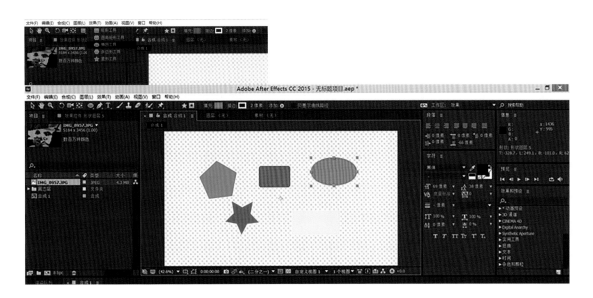

图 21 形状图层

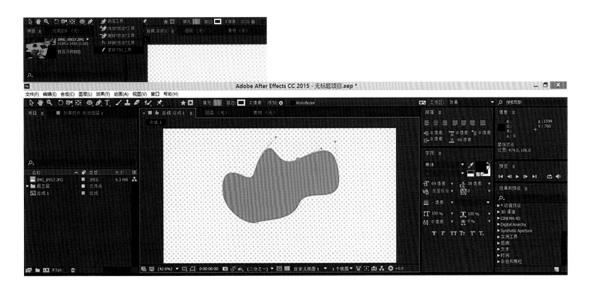

图 22 形状图层

FILM AND TELEVISION SPECIAL
EFFECTS PRODUCTION
影视特效制作

图 23 调整图层

图 24 调整图层

图 25 层的基本属性

调整图层

调整图层主要辅助场景影片进行色彩和特效调整，如图 23 所示。创建调整图层后，直接在调整图层上应用特效，可以对调整图层下方的所有图层同时产生该特效，这样就避免了不同图层应用相同特效时一个个单独设置的麻烦操作，如图 24 所示。

层的基本属性有五种（如图 25 所示）。

（1）锚点。在缺省状态下锚点是对象的中心，随着锚点的位置不同，对象的运动状态也会发生变化。当锚点在物体中心，旋转时物体沿着锚心自转；当锚点在物体外时，则物体沿着轴心点公转。通过对右侧数值的变化来改变锚点的位置。

（2）位置。可以通过输入数值和手动拖拽对象边框上的句柄，对层的位置进行设置，从而改变层在合成窗口内的所处位置。

（3）缩放。以轴心点为基准对对象进行缩放，改变其比例尺寸。可以通过输入数值或拖动对象边框上的句柄对其设置。当以数字方式改变尺寸时，若输入负值的话能翻转图层。

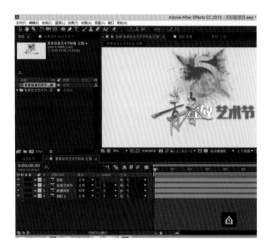

图 26 层的上下关系

图 27 调整上下关系

图 28 层混合模式关系

（4）旋转。以对象锚点为中心基准，进行旋转设置。可以通过输入数值达到任意角度的旋转。当超过 360° 时，系统以旋转一圈来标记已旋转的角度。

（5）不透明度。通过不透明度的设置，可以为对象设置透出下一个固态层图象的效果。当数值为 100% 时，图象完全不透明，遮住其下层图象；当数值为 0% 时，对象完全透明，完全显示其下层图象。

3 层之间的叠加关系

（1）层的上下关系：

在"时间线面板"内，层的上下叠放顺序不同，导致在"合成窗口"内呈现的效果不同，如图 26 所示。时间线面板内处于上方的层，在合成窗口内也叠放在上方。因此可以通过对层上下关系的调整，来获取想要的画面叠放效果，如图 27 所示。

（2）层混合模式关系：

层混合模式选项决定当前层的图像与其下面层图像之间的混合模式。此选项是制作特殊效果的有效方法之一。它与 PS 中的图层混合模式应用十分相似，而定义是完全相同的。打开时间线面板左下角的第二个按钮

图 29 设置混合模式

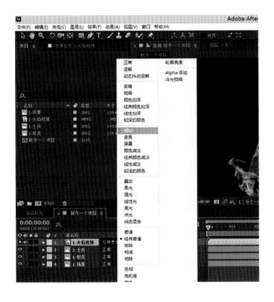

图 30 选择"相加"的混合效果

图 31 混合效果

"转换控制"窗格。出现层混合模式界面,如图 28 所示。

点击需要设置混合模式的层右侧的"正常"按钮,在下拉菜单中,选择相应的模式命令,如图 29 所示。

选择"相加"的混合效果(不同混合方式得到的效果不同)如图 30 所示。

可以看见原本底色为黑色的火焰视频素材,将下层的颜色与当前层颜色结合起来,只显示较亮的火焰颜色,达到混合效果,如图 31 所示。

◢三 预览

当制作一段影片后想要整体预览时，可在合成窗口下方，点击"完整"按钮，选择下拉菜单内的 1/2（1/3 或 1/4）。可以调节合成窗口内屏幕预览的分辨率，分辨率越小则预渲染速度越快，如图 32 所示。

按下空格键（或数字键盘上的 0），可以进行预渲染。时间轴上绿色区域部分表示预渲染完成，再次播放可得到流畅的实时预览，如图 33 所示。

图 32 选择分辨率

图 33 进行预渲染

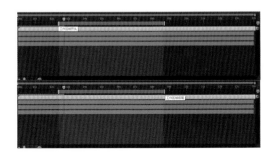

图 34 时间线面板

四 渲染和导出合成对象

1 渲染队列设定

影片制作完成后，在"时间线面板"上，方拖动工作区域范围，以圈画出需要渲染的部分，如图 34 所示。

点击"合成菜单栏"，选择添加到渲染队列。

当有多个合成需要批量渲染时，可以选择添加到 Adobe Media Encoder 队列，进行统一的渲染设置并批量性渲染，极大程度上提高了工作时间流程，如图 35 所示。

图 35 添加到 Adobe Media Encoder 队列

图 36 渲染列表

图 37 输出设置

二、 各种格式渲染设定

出现"渲染列表"窗口, 如图 36 所示。

(1)输出模块。打开"输出模块"对话框, 在这个对话框中可以对视频的输出格式及相应的编码方式、视频大小、比例以及音频等进行输出设置, 如图 37 所示。

格式: 在文件格式下拉列表中可以选择输出格式, 一般输出样片可以使用 AVI 和 MOV 格式, 输出贴图可以使用 TIF 和 JPG 格式, 以及输出序列帧。

视频输出: 可以选择输出通道(是否带有 Alpha 透明通道)、深度、颜色位数的设置。

音频输出: 当使用原自带音频的素材进行编辑后, 可以选择是否输出音频。

图 38 渲染设置

（2）渲染设置。如图 38 所示。打开"渲染设置"对话框，在这个对话框中可以对视频的输出画质、分辨率进行设置。

当只需要渲染视频小样时，可以选择草图画质、1/2 分辨率的视频，从而提高渲染速度。

当所有设置都完成后，点击"渲染列表"窗口右侧的"渲染"按钮，开始最终渲染。

第三章

MAKE A BASIC ANIMATION

做一个基本动画

一 文字类动画

1 创建点阵文字

AE 可以直接在合成窗口中创建和编辑文本,在合成的任意地方添加横排或竖排文字。通过手动设置关键帧、设置路径动画、设置表达式等方式,对文字图层中的各个字符或整句应用动画,同时可以根据设计修改字符的样式属性(字体、大小、颜色等)创作出优秀的文字动画。

AE 使用两种类型文本:点阵文字和段落文本。

前者适用于输入单词或一行字符;后者适用于输入和格式化的一段、多段文字。

工具栏中选择"横排文字工具"(也可根据需要选择直排文字工具),如图 1 所示。

在合成窗口内任意地方单击,出现闪烁 I 型光标后输入文字。

输入文字的字体、格式等样式,会默认与上次输入时的选项相同,可在右侧"字符、段落面板"内作详细的更改设置。输入文字:标题动画,如图 2 所示。

图 1 选择"横排文字工具"

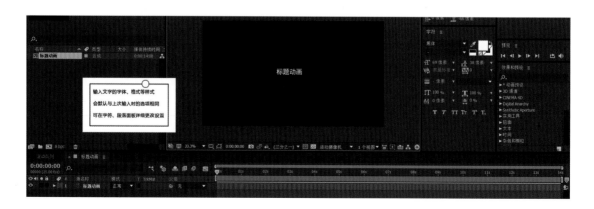

图 2 输入"标题动画"

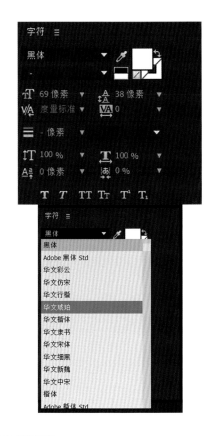

图 3 选择字体

图 4 填充颜色

字符面板

点击"窗口菜单栏",勾选"字符"选项,即在右侧打开"字符面板"。

点击"设置字体系列"下拉栏,选择合适的字体。要快速选择字体,可在框内输入字体名称,将跳到系统中与输入字符相匹配的第一种字体。字体需事先安装入字体册内,如图 3 所示。

点击"填充颜色",选择合适的颜色。点击其下方"描边颜色(单击以激活)",可对字符进行描边以及设置描边宽度,如图 4 所示。

可具体设置字体大小、行距、两个字符间的字偶间距、所选字符的字符间距。

修改字体的垂直缩放、水平缩放、基线偏移、所选字符的比例间距。

根据需要点击打开仿粗体(仿斜体、全部大写字母、小型大写字母、上标和下标)的样式。

图 5 段落面板

图 6 调整参数

段落面板

点击"窗口菜单栏",勾选"段落"选项,即在右侧打开"段落面板"。具体对段落设置居中对齐(左对齐、右对齐、两端对齐)等文本对齐方式,如图 5 所示。

根据需要可修改段落的缩进方式及间距,如图 6 所示。

2 通过各项关键帧制作文字动画

AE 中所有的动画效果,基本上都有关键帧的参与,关键帧是组合成动画的基本元素,关键帧动画至少要通过两个关键帧来完成。所谓关键帧,即在不同的时间点对层属性进行更改,而时间点的变化由计算机来完成。

关键帧记录器 ⏲ :也称为时间变化秒表。AE 在通常状态下可以对层或其他对象的变换、遮罩效果及时间进行设置。系统对层的设置是应用于整个持续时间的。如果需要对层进行动画,则打开关键帧记录器,对关键帧的设置进行记录。通过对层的不同属性设置关键帧,就可以为层进行动画。建立关键帧时,以时间指示器为准,在该时间点为层添加一个关键帧。

（1）选择要建立关键帧属性的层，如图7所示。将时间指示器移动至要建立关键帧的位置，点击打开属性前的" 秒表"秒表，获得激活后的状态 " 。此时，时间指示器所在的位置将产生一个 " 关键帧。将时间指示器移动至要建立关键帧的下一位置，在合成窗口或时间线面板对层的相应属性进行修改设置，关键帧会自动产生。

（2）在00:00时间上，打开记录位置、缩放的关键帧。修改缩放为2500.0,2500.0%，并调整位置使合成窗口看不到字体，如图8所示。

（3）在01:00时间上，修改缩放为100.0, 100.0%，并调整文字位置在画面内居中央。获得文字由画外飞入的进入动画。

图 7 选择要建立关键帧属性的层

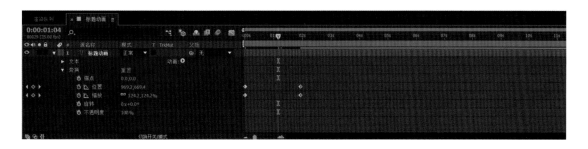

图 8 调整参数

43

点击"文本动画"下拉框,选择模糊,如图 9 所示。

在 03:00 时间上,打开记录模糊的关键帧。

在 04:00 时间上,修改为 60.0,60.0%。

(4)点击取消缩放属性前的"约束比例",使得图层可以按非等比例方式缩放,如图 10 所示。

在 03:00 时间上,点击关键帧导航器再次记录缩放的关键帧。

在 04:00 时间上,修改缩放为 150.0,60.0%。

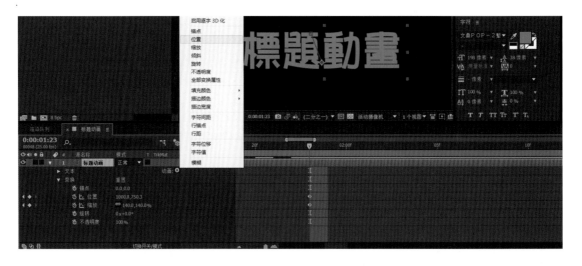

图 9 选择模糊

图 10 点击取消缩放属性前的"约束比例"

在 03：10 时间上，打开不透明度的关键帧。

在 04：00 时间上，修改不透明度为 0%。

获得文字模糊并被拉伸的淡出动画，如图 11 所示。

（5）当文字层进行了基础的动画制作后，可运用特效效果再次润色。激活当前文字层时，在效果菜单栏中，选择"风格化–发光"，如图 12 所示。左侧"效果控件"窗口会出现该效果的相应参数设置界面，如图 13 所示。

可根据需求具体设置发光的阈值、半径、强度等。也可以修改发光的颜色及混合效果，如图 14 所示。

最终文字动画效果，如图 15 所示。

图 11 获得文字模糊并被拉伸的淡出动画

图 12 选择"风格化–发光"

图 13 设置参数

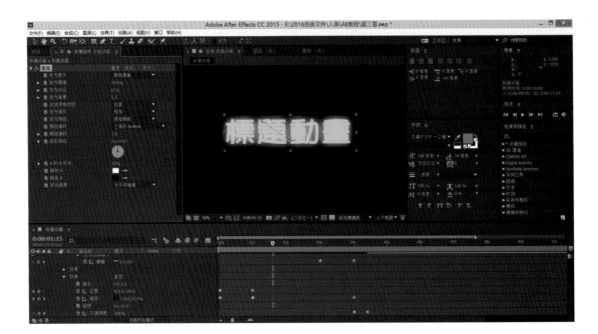

图 14 设置发光的参数

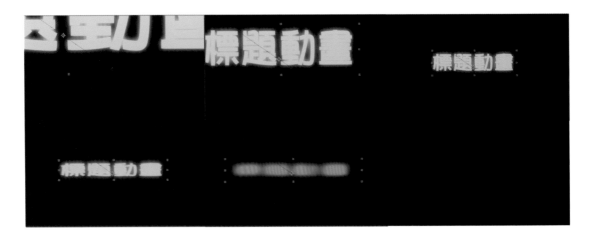

图 15 最终文字动画效果

3 用路径动画制作文字动画

(1)输入文字：ABCDEFGHIJKLMN。可根据需要修改文字字体、颜色等样式，如图 16 所示。

(2)在激活文字层时,选择"钢笔工具",如图 17 所示。鼠标指针将变为钢笔图形,此时可以在合成窗口内勾画路径。需要注意在非激活该文字层时,使用钢笔工具会在时间线面板内添加产生新的形状图层,如图 18 所示。(钢笔工具的具体使用方式将在 2.2 章节内说明。)

路径起始至结束位置的方向,将决定文字动画方向。既钢笔工具,在合成窗口内由左至右勾画路径,则文字动画也由左向右移动;反之亦然,如图 19 所示。

图 16 输入文字

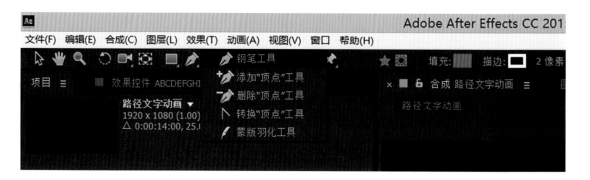

图 17 选择"钢笔工具"

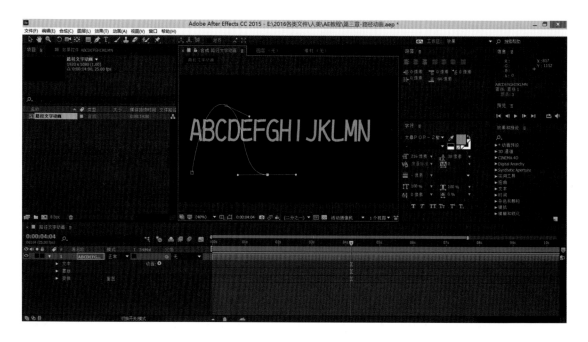

图 18 勾画路径

（3）打开文字层下拉属性菜单，在"路径选项"中选择"蒙版 1"。如图 20 所示。

此时，文字 ABCDEFGHIJKLMN 依附在所画路径之上。如图 21 所示。同时在"路径选项"下出现更多的详细参数设置。

图 19 勾画路径

图 20 选择"蒙版 1"

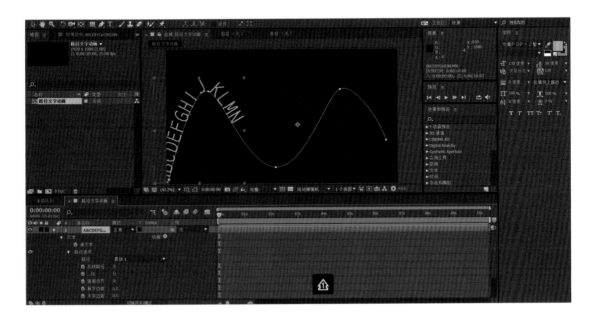

图 21 设置参数

图 22 使用"选取工具"选取路径上的节点手柄

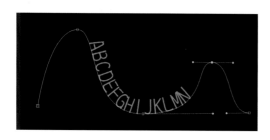

图 23 跟随路径形状的改变而改变

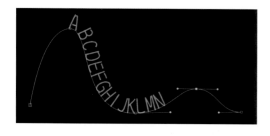

图 24 跟随路径形状的改变而改变

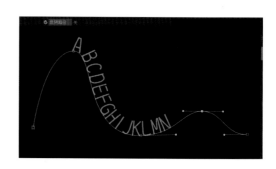

图 25 反转路径：关

图 26 反转路径：开

图 27 垂直于路径：开

图 28 垂直于路径：关

图 29 强制对齐：关

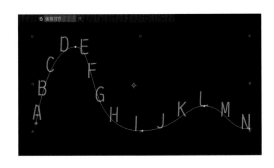

图 30 强制对齐：开

可以使用"选取工具"选取路径上的节点手柄，再次调整路径的形状，如图 22 所示。

文字层的依附状态，也会相应跟随路径形状的改变而改变，如图 23、24 所示。

（4）路径选项详细选项。

反转路径：关。文字向上，运动的方向与路径绘制方向一致（由左至右），如图 25 所示。

反转路径：开。文字向下，运动方向与路径绘制方向相反（由右至左），既翻转 180°后的运动状态，如图 26 所示。

垂直于路径：开。文字层中的所有字符作为一个整体，垂直于路径，如图 27 所示。

垂直于路径：关。非整体垂直于路径，既文字层中每个字符都独立垂直于路径，如图 28 所示。

强制对齐：关，如图 29 所示。

强制对齐：开，如图 30 所示。

图 31 设置关键帧

图 32 设置关键帧

（5）进行路径动画的关键帧设置。

在 00：00 时间上，打开记录首字边距的关键帧。修改数值为 –1535.0 文字居于路径最左边超出合成窗口，如图 31 所示。

在 04:00 时间上，修改首字边距，数值为 3588.0 文字居于路径最右边且超出合成窗口，如图 32 所示。

（6）最终文字动画效果，如图 33 所示。

图 33 最终文字动画效果

◢二 蒙版动画

1 用钢笔工具创建蒙版

蒙版可以是封闭的路径,也可以是开放的路径。前者可以为图像创建透明区域,用于显示或隐藏该特定区域;后者则不能创建区域,但可以用作特效参数的使用路径。

可以使用形状(矩形、圆角矩形、椭圆形、多边形和星形)工具或钢笔工具绘制蒙版。蒙版包含锚点和线段,锚点定义了起点和终点,线段则是连接两个锚点的直线或曲线。蒙版是作用于图层的,每个图层可以同时拥有多个蒙版,且可对其互相之间的作用方式进行混合模式设置。

(1)使用钢笔工具及创建蒙版的两种方式。

通过先放置锚点后转换连接线段形状的方式,创建钢笔蒙版。

选择"钢笔工具",如图 34 所示。激活素材图层后,根据需要绘制的具体蒙版形状,在直线顶点、圆弧线段的波峰点处,逐个点击鼠标放置锚点。此时连接两个锚点的为直线线段,如图 35 所示。

图 34 选择"钢笔工具"

图 35 放置锚点

图 36 选择"转换顶点工具"

图 37 控制锚点

图 38 使用"选择工具"

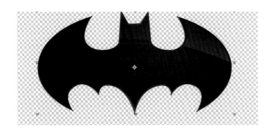

图 39 蒙版

选择"转换顶点工具",如图 36 所示。在圆弧线段的波峰点处点击鼠标,此时该锚点左右出现两个控制手柄,且连接相邻锚点的变为曲线线段,如图 37 所示。

使用"选择工具",按住 Ctrl 并拖拽左右两侧的手柄,可以具体调整线段的弧度。如图 38 所示。

如图 39 所示,当使用钢笔工具进行一圈锚点放置时,结束锚点与开始锚点连接则形成了封闭的路径,既为蒙版。

通过边放置锚点边调整连接线段形状的方式,创建钢笔蒙版。

当选择"钢笔工具"在圆弧线段的波峰点处放置锚点时,按住鼠标不放并向弧形凹陷方向拖拽,此时等同于在拖拽锚点左右两侧的手柄。则连接相邻锚点的变为曲线线段,拖拽到合适位置后松开鼠标,如图 40 所示。

图 40 变为曲线线段

当再次放置锚点时,产生的连接线段会自动变成曲线。只要使用"选择工具"按住Ctrl并拖拽左右两侧的手柄,便可以具体调整线段的弧度,如图41所示。

添加和删除"顶点"工具的使用。选择"添加顶点工具",如图42所示。在已有的两锚点构成一线段上,如图43所示。可以使用添加顶点工具,再次添加锚点,如图44所示。用以细化锚点的分布位置进而细调形状,如图45所示。

选择"删除顶点工具",如图46所示。在多个锚点的情况下,可以使用"删除顶点工具",删除不必要的锚点,如图47所示。用以简略锚点的分布位置,以避免产生过多不必要的线段,如图48所示。

图41 拖拽左右两侧的手柄

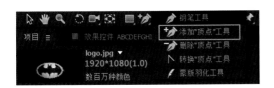

图42 选择"添加顶点工具"。

图43 构成一线段

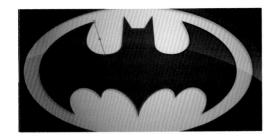

图44 使用添加顶点工具再次添加锚点

图45 细调形状

图 46 选择"删除顶点工具"

图 47 使用删除顶点工具

图 48 避免产生过多不必要的线段

（2）蒙版的多种混合模式。

蒙版的混合模式是控制图层中多个蒙版间的互相作用方式，既指该蒙版区域内的图像进行显示或隐藏的方式。只有封闭路径的蒙版才具有混合模式，而开放路径的则不具有混合模式。

在默认情况下蒙版模式为相加，即区域内的图像进行显示。

当有多个蒙版时，所创建的每个蒙版都与位于其上方的蒙版相互作用。蒙版模式的作用结果将随位置较上方的蒙版所设置的模式而改变。用蒙版模式可以创建具有多个透明区域的复杂蒙版形状。

下列案例中蝙蝠均默认为相加模式。

相加。即显示区域内图像，如图 49 所示。

相减。即隐藏区域内图像，如图 50 所示。

交集。即显示与上方蒙版区域内的重叠的图像，如图 51 所示。

差值。即隐藏与上方蒙版区域内重叠的图像。

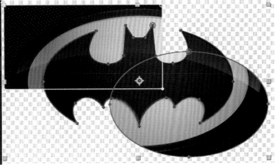

图 49 相加

图 50 想减

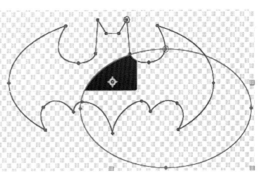

图 51 交集

此时可见中间部分也被显示出来，这是差值后再差值得到的结果，既负负得正，如图 52 所示。

先运算矩形的相加，后运算椭圆的相减，则中间部分被减去而不可见，如图 53 所示。而如图 54 所示，则先运算椭圆的相减，后运算矩形的相加，则中间部分被加上而可见。

（3）如图 55 所示，使用钢笔工具抠除素材中的天空。获得封闭的蒙版后，将模板混合模式改为相减。则得到建筑物区域被显示，天空区域被隐藏，如图 56 所示。

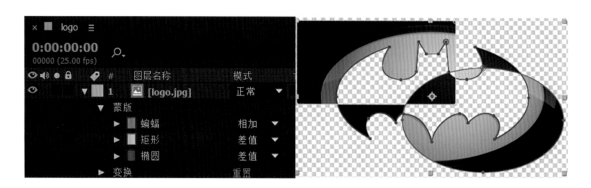

图 52 差值

图 53 先运算矩形的相加，后运算椭圆的相减

图 54 先运算椭圆的相减，后运算矩形的相加

图 55 使用钢笔工具抠除素材中的天空

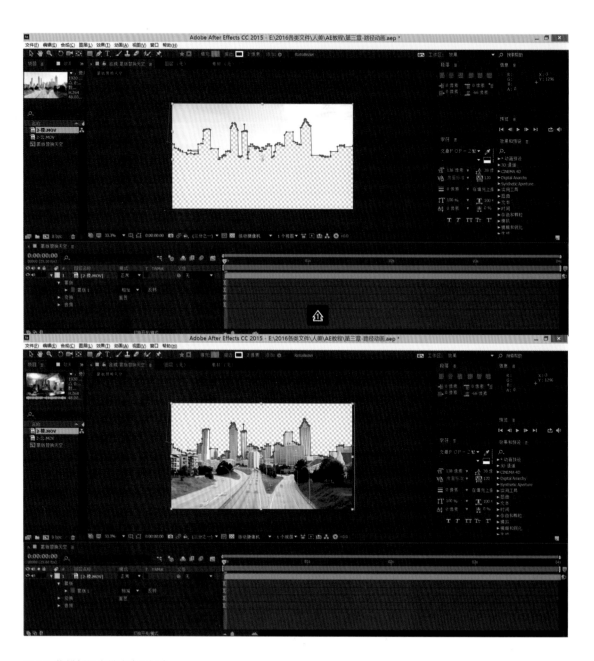

图 56 将模板混合模式改为相减

图 57 边缘生硬

图 58 边缘柔和

2 调整蒙版边缘

打开蒙版的下拉属性，有多个参数可以详细调节，从而修改调整蒙版的边缘。

（1）蒙版羽化。

当蒙版羽化值为 0 像素时，不产生羽化效果。则蒙版的边缘生硬，如图 57 所示。

当蒙版羽化值越大，则产生的羽化区域越大。则蒙版的边缘柔和，如图 58 所示。

越向外扩散的边缘部分，越透明。有柔和的过渡效果。

图 59　蒙版的显示区域为完全显示

图 60　蒙版的显示区域完全透明既为隐藏

（2）蒙版不透明度。

当蒙版不透明度为 100% 时, 蒙版的显示区域为完全显示, 如图 59 所示。

当蒙版不透明度越小, 蒙版的显示区域越透明。

不透明度为 0% 时, 蒙版的显示区域完全透明既为隐藏, 如图 60 所示。

图 61 蒙版扩展

图 62 蒙版扩展

（3）蒙版扩展。

当蒙版扩展值为负值时，则向显示区域外部扩展。数值越大扩展范围越大，如图 61 所示。

当蒙版扩展值为正值时，则向显示区域内部扩展。数值越大扩展范围越大，如图 62 所示。

如图 63 所示，详细调整蒙版的边缘。修改蒙版羽化值为 5.0 像素，修改蒙版扩展值为 2.0 像素。

同时，再次绘制一个蒙版，修改其混合模式为相减，仔细抠除吊车处显示的天空部分。

图 63 调整蒙版的边缘

图 64 调整图层

3 替换蒙版内容

将视频素材中的"云"层放置在"楼"层下方。"楼"层中的蒙版隐藏区域呈 ALPHA 透明区域,则会透露显示出下方的"云"层。如图 64 所示。

最终视频效果,如图 65 所示。

图 65 效果图

4 通过各项关键帧制作蒙版动画。

（1）导入素材图片 logo 后，新建黑色纯色层。在纯色层上使用"椭圆工具"绘制一个圆形蒙版，修改蒙版混合模式为相减，修改蒙版羽化值为 100.0, 100.0 像素。

此时获得一个可见下方 logo 图层的镂空圆形蒙版。在 00:00 时间上，打开记录蒙版路径的关键帧。并且在合成面板内，将蒙版位置移出画布至右上角。如图 66 所示。

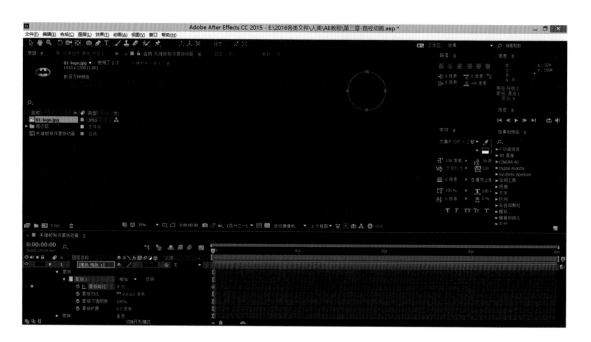

图 66 使用"椭圆工具"绘制一个圆形蒙版

图 67 设置参数

图 68 设置参数

图 69 设置参数

在 00:13 时间上, 如图 67 所示将蒙版位置移进画布。

在 01:00 时间上, 如图 68 所示移动蒙版位置。

在 01:13 时间上, 如图 69 所示移动蒙版位置, 并且修改蒙版大小。

（2）依 次 在 00:13, 01:00, 01:13, 02:00, 02:13, 03:00 时间上移动蒙版位置及修改蒙版大小。在时间线面板上会自动记录"蒙版路径"的关键帧。

在 03:13 时间上, 移动蒙版位置至画布中心位置, 如图 70 所示。

在 05:00 时间上, 使用"选择工具"双击蒙版路径后出现选取框, 拖拽移动选取框上节点即可放大蒙版大小。将蒙版放大至超出画布, 直至下方图层 logo 完全可见。

此时获得了聚光灯扫过画面展现出 logo 的动画, 如图 71 所示。

（3）最终动画效果, 如图 72 所示。

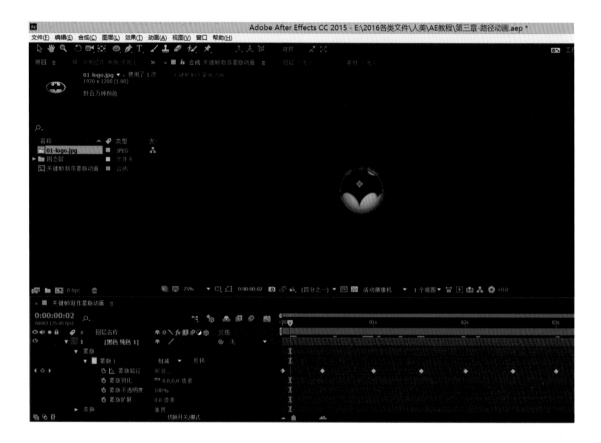

图 70　设置参数

图 71 设置参数

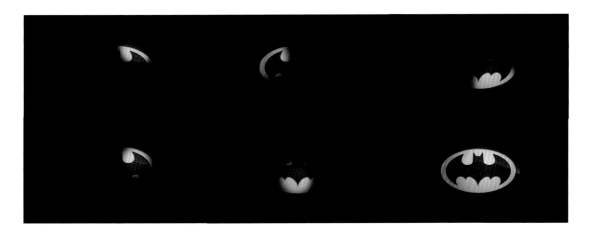

图 72 动画效果

图 73 选择形状工具下拉菜单内的星形工具

图 74 点击"填充"字符

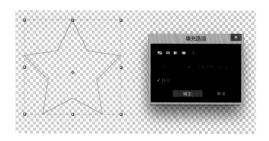

图 75 填充方式：无

三 形状层动画

1 创建形状图层

AE 工具栏菜单中提供五种形状工具：矩形、圆角矩形、椭圆形、多边形和星形。可以通过形状的描边或填充设置、改变路径运动等多种方式来制作形状动画。

同一种工具可以在绘图时选择用来创建形状或在原有素材层上创建蒙版，前者会产生形状图层，后者则应用于原有图层用来隐藏或显示图像的特定区域。

（1）基本形状的绘制方法及样式设置。选择形状工具下拉菜单内的星形工具，如图 73 所示。在合成面板内拖拽鼠标绘制出形状图层。

点击"填充"字符后出现填充选项框，内有四种填充方式，如图 74 所示。（默认为纯色填充）

填充方式：无，图形内部没有实际像素填充，如图 75 所示。

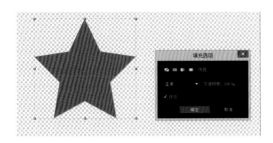

图 76 填充方式: 纯色

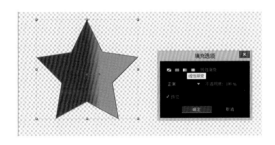

图 77 填充方式: 线性渐变

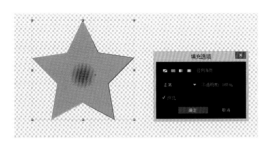

图 78 填充方式: 径向渐变

填充方式: 纯色, 图形内部填充颜色为单色, 可以在色板内设置颜色, 如图 76 所示。

填充方式: 线性渐变, 图形内部填充颜色为两种颜色的线性方向过渡渐变, 可以在色板内设置先后两种颜色, 如图 77 所示。

填充方式: 径向渐变, 图形内部填充颜色为两种颜色的径向 (由内向外发散) 过渡渐变, 可以在色板内设置先后两种颜色, 如图 78 所示。

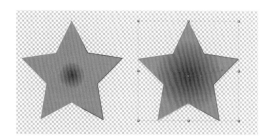

图 79 设置填充渐变方向和范围大小

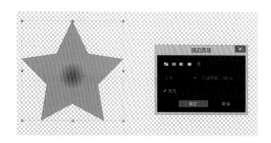

图 80 点击"描边"字符后出现描边选项框

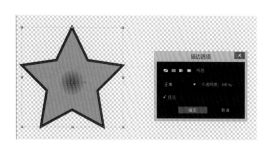

图 81 描边方式: 无

图 82 描述方式: 纯色

其中线性渐变和径向渐变, 可以拖拽图形中心点的手柄, 来设置填充渐变方向和范围大小, 如图 79 所示。

点击"描边"字符后出现描边选项框, 内有四种描边方式, 如图 80 所示。(默认为无描边)

描边方式: 无, 图形外, 无实际像素填充。如图 81 所示。

描边方式: 纯色, 图形外部描边颜色为单一色, 在色板内设置颜色, 如图 82 所示。

描边方式: 线性渐变图形外部描边颜色为两种颜色的线性方向过度渐变, 可以在色板内设置先后两种颜色, 如图 83 所示。

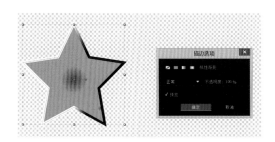

图 83 描述方式：线性渐变

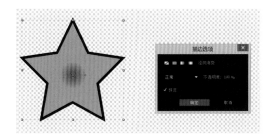

图 84 描述方式：径向渐变

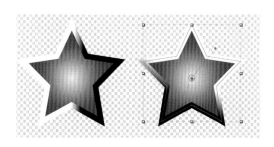

图 85 设置描边渐变方向和范围大小

描边方式：径向渐变，图形外部描边颜色为两种颜色的径向（由内向外发散）过渡渐变，可以在色板内设置先后两种颜色，如图 84 所示。

其中线性渐变和径向渐变，可以拖拽图形中心点的手柄，来设置描边渐变方向和范围大小，如图 85 所示。

需要注意的是当激活某图层后使用形状工具，所绘制出的形状会成为该激活图层的蒙版，用于隐藏或显示其图像的特定区域。

只有在非激活任何图层情况下，使用形状工具在合成面板内直接绘制，才会创建出形状图层，如图 86 所示。

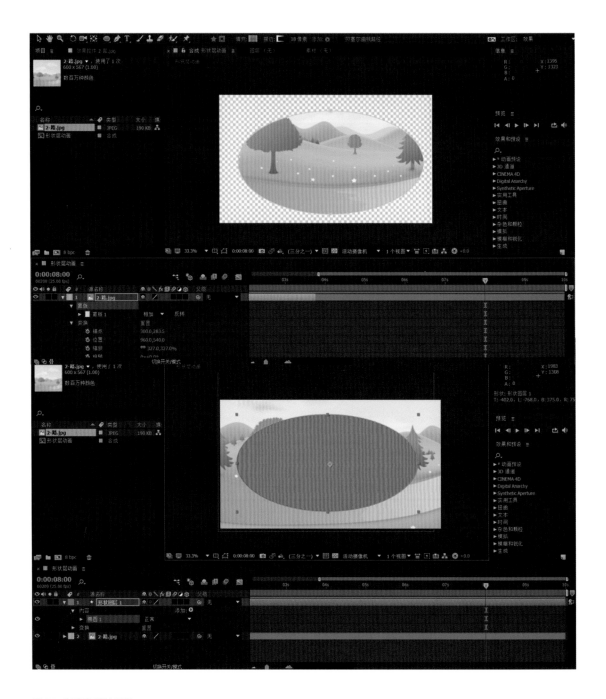

图 86 创建出形状图层

图 87 选择"多边形工具"

图 88 修改数值

图 89 选择"位移路径"

（2）利用形状工具绘制车轮中心和车轮壳。

选择"多边形工具"，在合成窗口内绘制一个灰色多边形。右键"形状图层 1"选择重命名为"车轮中心"。点击层属性下方内容的拓展选项，选择"收缩和膨胀"，如图 87 所示。

将"收缩和膨胀"的数量修改为 -70。此时可以看到正五边形的边线向内收缩，获得具有尖角的弧形五角星，如图 88 所示。

再次点击层属性下方内容的拓展选项，选择"位移路径"，如图 89 所示。

将尖角限制模式改为"斜面连接"，位移路径的数量修改为 120，此时获得矩形状无尖角的五角星，如图 90 所示。

图 90 将尖角限制模式改为"斜面连接"

图 91 根据扩展选项的变化而变化

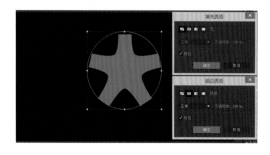

图 92 获得矩形状无尖角的五角星

图 93 得到不规则的多个尖角形状

需要注意的是根据拓展选项的先后作用顺序不同,形状层产生的变化也不同,如图 91 所示。

前者是先进行收缩边界再进行斜面连接的位移,从而获得矩形状无尖角的五角星,如图 92 所示。

后者则是先进行斜面连接的位移,在对位移后的结果进行收缩边界,最后得到不规则的多个尖角形状,如图 93 所示。

(3)选择"椭圆工具",按住 Shift 键在合成窗口内绘制一个灰色正圆形。修改填充的选项为无,描边的选项为纯色,描边宽度为 70 像素。获得中空的圆环。右键"形状图层 1"选择重命名为"车轮壳"。将两个形状图层中心点对齐如下图摆放,如图 94 所示。

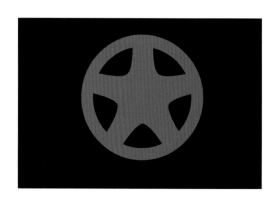

图 94 选择"椭圆工具"

2 应用父化关系进行动画处理

父化关系是将一个图层所作的变换赋予给另一图层，赋予的图层称为父图层，被赋予的图层称为子图层。在建立父化关系后，对父图层所作的修改将带动子图层相应属性值（除不透明度外）的同步改变，既子图层跟随父图层一起运动变化。

一个图层只能跟随一个父图层，但多个图层可以同时跟随同一个父图层。

（1）首先确定"车轮中心"是具有运动属性的图层，既为父图层；"车轮壳"则是跟随运动的图层，既为子图层。在时间线面板中，点击"车轮壳"父级的下拉选项，选择"车轮中心"，此时父化关系建立完成，如图95所示。

（2）如图96、图97、图98和图99所示，因父图层的基本属性改变而发生的运动变化，将带随子图层做相应的运动变化（但子图层的属性值不发生改变）。位置、旋转和缩放属性受父化关系影响会跟随变化。但不透明度属性不受父化关系影响，从而不会发生跟随变化。

图95 父化关系建立完成

图96 选择"车轮中心"

图 97 设置参数

图 98 设置参数

图 99 设置参数

3 通过各项关键帧制作层动画

（1）设置车轮动画。

选择"车轮中心"层，在 00：00 时间上，打开记录缩放的关键帧。修改缩放为 0.0，0.0%。

在 01:00 时间上，修改缩放为 15.0，15.0%。

在 00:20 时间上，修改缩放为 20.0，20.0%，制作出车轮从无到有、活泼跳跃性的动画，如图 100 所示。

在 01:00 时间上，打开记录旋转的关键帧。

在 08：00 时间上，修改旋转为 −2x+0.0°（x 前数值指旋转圈数，正值为顺时针旋转、负值为逆时针旋转；X 后数值为值具体旋转度数），制作出车轮的旋转动画，如图 101 所示。

图 100 修改参数

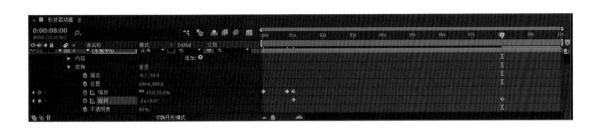

图 101 修改参数

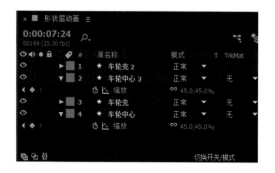

图 102　选择"车轮壳"和"车轮中心"两个图层

图 103　修改参数

同时选择"车轮壳"和"车轮中心"两个图层后，复制黏贴得到第二个车轮。图层会自动命名为"车轮壳 2"和"车轮中心 2"，且父化关系仍然建立，如图 102 所示。

将"车轮中心"的位置修改为 500.0，765.0；"车轮中心 2"的位置修改为 1350.0，765.0。如图 103 所示，得到并排的两个车轮。

（2）绘制车杠并制作动画。

新建蓝色的纯色层并命名为"车杠"。当纯色层置于最上方而看不到下方图层时，可以在时间线面板内点击做前端的 👁 可见图标，来显示或隐藏该图层，如图 104 所示。

在激活该层后使用钢笔工具，在合成窗口内绘制车把手，则绘制的路径成为该层的蒙版路径。

如图 105 所示步骤，依次绘制车杠的各部件。

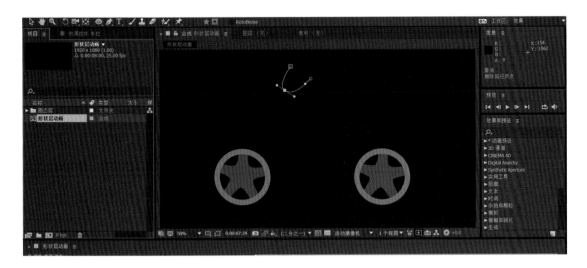

图 104 显示或隐藏该图层

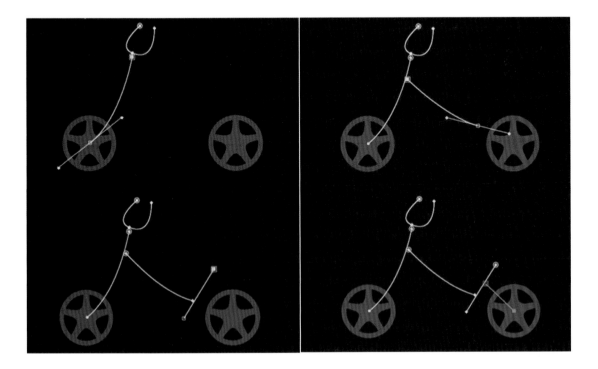

图 105 依次绘制车杠的各部件

但需要注意绘制路径的先后顺序和方向，将会影响后续动画方式。

将所有路径绘制完成后可以使用"选取工具"，再对其摆放位置和弧度进行整体的细节调整，如图 106 所示。

将图层切回可见状态后，点击效果菜单 – 生成，选择"描边"效果，如图 107 所示。

将画笔大小修改为 15.0。画笔硬度修改为 100%。绘图样式修改为"显示原始图像"，如图 108 所示。

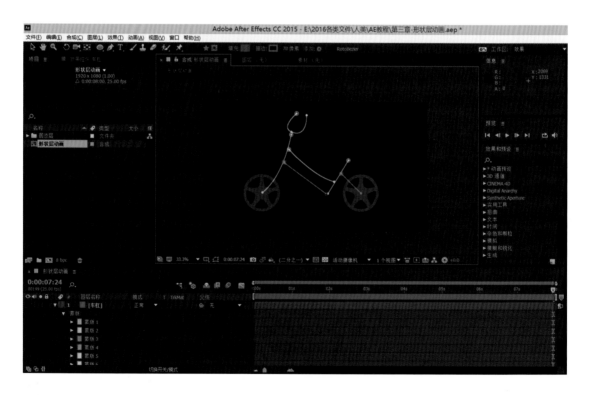

图 106 使用"选取工具"

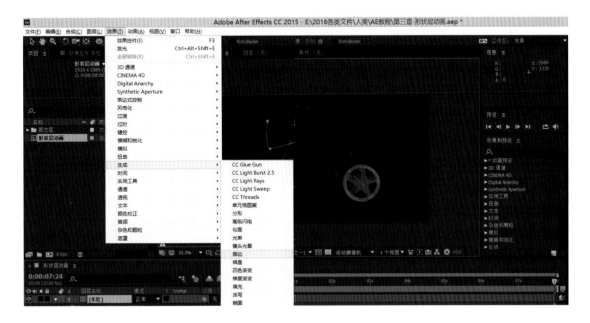

图 107 选择"描边"效果

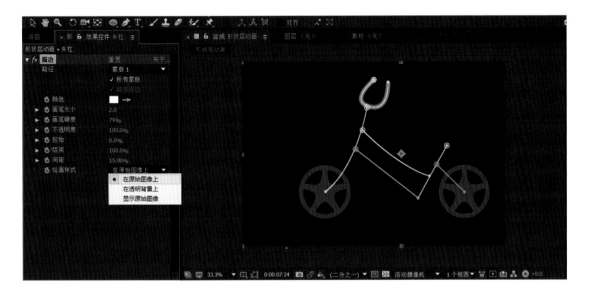

图 108 绘图样式修改为"显示原始图像"

此时，我们可以看见在车把手（蒙版1）处产生了蓝色（纯色层设置的颜色）的线条。勾选"所有蒙版"，既图层上所有绘制的蒙版均被描边，如图 109 所示。

在 01:00 时间上，打开效果菜单中，记录结束的关键帧，修改结束的数值为 0%，如图 110 所示。

在 03:00 时间上，修改结束的数值为100%，如图 111 所示。

如图 112 所示，制作出车杠从无到有的路径生长动画。

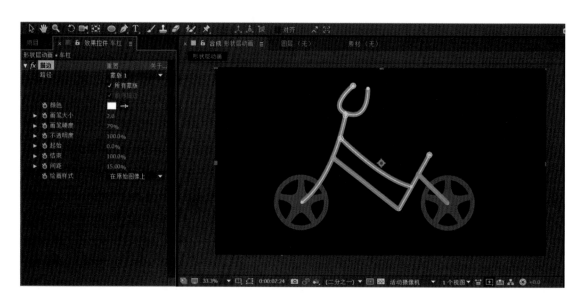

图 109 勾选"所有蒙版"

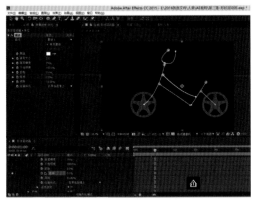

图 110 修改数值

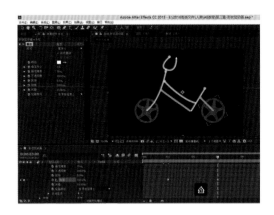

图 111 修改数值

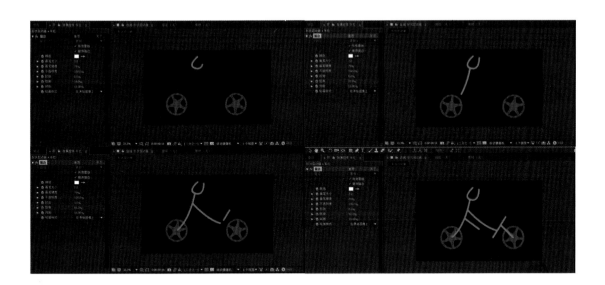

图 112 制作车杠

（3）绘制坐垫和链接板并制作动画。

使用"钢笔工具"，绘制形状，修改填充颜色为棕色。如图 113 所示将图层重命名为"坐垫"。再使用"锚点工具"将此图层的中心点由合成中心位置移动至图像中心位置。

在 01:15 时间上，打开记录缩放的关键帧，修改缩放为 0.0, 0.0%

在 02:05 时间上，修改缩放为 100.0, 100.0%

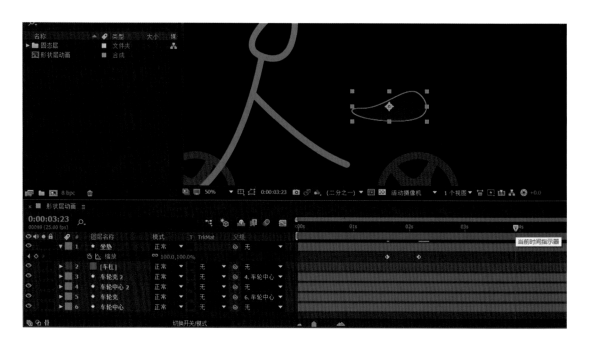

图 113 使用"钢笔工具"绘制形状

图 114 使用"锚点工具"

（4）制作出坐垫由无到有的缩放动画。

使用"钢笔工具"按照"链接板"的形状绘制形状，修改填充颜色为淡蓝色。将图层重命名为"链接板"。

再使用"锚点工具"将此图层的中心点由合成中心位置移动至图像中心位置。如图114所示。

在激活该图层时，使用"椭圆工具"并且切换成工具创建蒙版模式。如图115所示。

图 115 使用"椭圆工具"

在形状图形上再次绘制一个圆,此时绘制出的形状成了图层的蒙版,如图116所示。

选择蒙版叠加方式下拉菜单中的"相减"。则绘制的圆形在原形状图层内被镂空。同理再在后方绘制一个较小的被镂空的圆形,如图117所示。

在02:05时间上,打开记录缩放的关键帧,修改缩放为0.0,0.0%

在02:20时间上,修改缩放为120.0,120.0%

在03:00时间上,修改缩放为100.0,100.0%

制作出链接板从无到有、活泼跳跃性的动画,如图118所示。

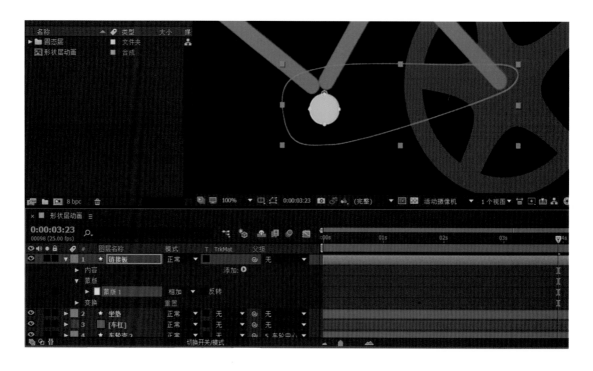

图116 图层的蒙版

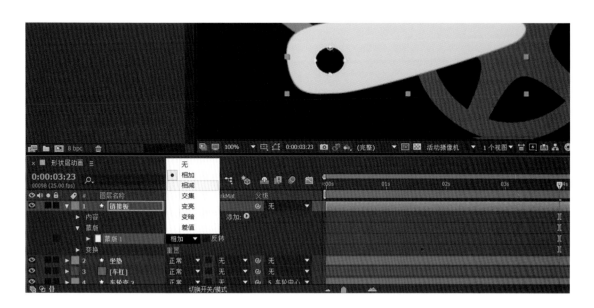

图 117 选择"相减"

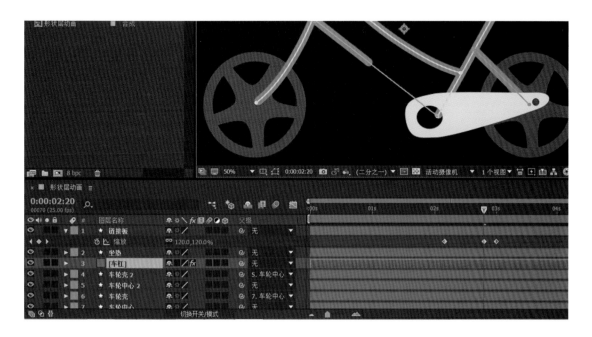

图 118 制作动画

将背景图片置入最底层，即完成了整个
自行车的出现动画，如图 119 所示，最终动
画效果，如图 120 所示。

图 119 将背景图片置入最底层

图 120 效果图

四 操控点工具变形动画

1 添加操控点手柄

操控点工具可以将矢量图像变换成虚拟的提线木偶，模拟出木偶与提线之间联动的动画效果。根据放置的操控点手柄对部分图像进行变形和动画处理。

操控点工具 ![icon]：进行工具的放置和移动，从而对图层进行变形处理。

操控叠加工具 ![icon]：当图层中不同区域互相重叠时，进行显示在前端部分的设置。

操控扑粉工具 ![icon]：使部分区域内的图层变硬（保持刚性），从而减小该区域的变形程度。

（1）导入素材图片。操控点工具按照导入素材的形状边缘作为总区域进行变形动画，因此素材最好选择带 Alpha 通道透明区域的 PNG 格式图片。

选择"操控点工具"，如图 121 所示。将鼠标移至合成窗口内素材图片上方时，会产生黄色框选，这表示由操控点工具识别到的图像范围，如图 122 所示。

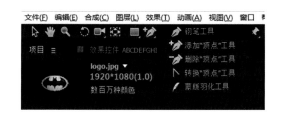

图 121 选择"操控点工具"

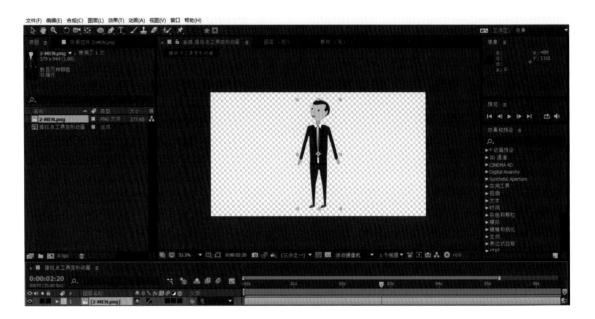

图 122 识别到的图像范围

图 123 调整参数

（2）放置操控点手柄初始，可以修改操控点作用范围扩展大小及网格三角形数量。

扩展值越大表示操控点作用范围越大，甚至可以影响相近的实体图像。

三角形数量表示细化程度，数量值越大则细化程度越厉害，操控点发生位置形变时产生的效果越细腻；反之亦然。通常情况下使用默认值，扩展：10，三角形：350，如图123 所示。

当进行完工具手柄的设置后，轮廓内的区域将自动划分为大量的三角形网格。网格的每一部分都与图层中的像素互相联系，当网格移动时像素也随即移动。而与该手柄相距最近的网格产生形变最大，反之相距最远则形变最小。

其中网格仅对应用操控点工具手柄的设置帧有效，若在后续时间线面板上随意添加工具手柄，则工具手柄将会根据初始网格的位置进行设置。

（3）在人物左肩处，点击放置操控点手柄。层属性下拉菜单中出现网格变形的选项，并自动在时间线面板上记录下该操控点位置的关键帧，如图124 所示。

图 124 放置操控点手柄

图 125 点击重命名

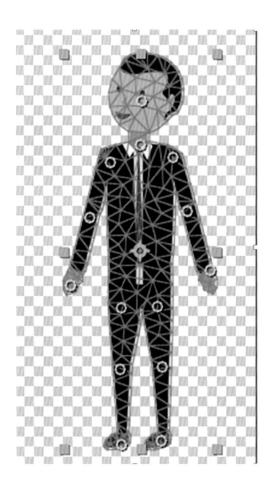

图 126 依次命名

右击"操控点 1"选择重命名为"左肩"，以此避免操控点过多产生混乱，如图 125 所示。

（4）如图 126 所示，在人物各个关节节点上放置操控点手柄，并依次命名为左肩、左中关节、左手、脖子、头、左腿、左膝盖、左脚等。

在时间线面板上按下键盘快捷键 U，可以如图显示所有记录关键帧动画值的属性项目，如图 127 所示。

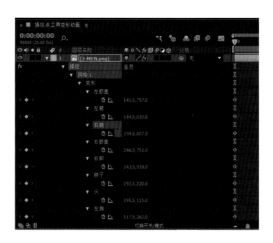

图 127 属性项目

2 设置刚性区域及叠加区域

(1)选择"操控扑粉工具",放置在人物腹部处,使得该部分不会受到操控点的形变影响,既为刚性区域。修改范围值为70,使得该区域完整覆盖人物腹部,继续在人物胸腔、脖子处依次设置刚性区域,保持人物的躯体不会发生形变,如图 128 所示。

"操控扑粉工具"放置点的中心呈现白色,越边缘颜色越半透明。表示刚性程度由中心向外扩散,边缘处刚性程度衰弱。

(2)选择"操控叠加工具",放置在人物右臂处,使得该部分在形变过程中与不同区域互相重叠时能显示在前端,即叠加区域。修改范围值为 187,使得该区域完整覆盖人物右臂。

如图 129 所示,继续在人物右腿处设置叠加区域,使得人物的右臂和右腿可以在形变运动过程中显示在前端。

"操控叠加工具"放置点的中心呈现白色,越边缘颜色越半透明。表示叠加程度由中心向外扩散,边缘处刚性程度衰弱。

图 128 选择"操控扑粉工具"

FILM AND TELEVISION SPECIAL EFFECTS PRODUCTION

影视特效制作

图 129 设置叠加区域

图 130 调整位置

3 对手柄位置进行动画处理

（1）在 00:05 时间上，移动左臂、右臂的位置做出摆臂的状态，抬高左腿。如图 130 所示。

（2）修改左中关节位置：74.1,391.0；左手位置：88.4,555.6；左腿位置：106.0,596.7　左膝盖位置：68.4,672.2；左脚位置：155.1,809.3；右中关节位置：283.6,379.0　右手位置：217.7,526.4，如图 131 所示。

（3）将未发生位置变化的操控点也再次记录关键帧，如图 132 所示。

图 131 调整位置

图 132 记录关键帧

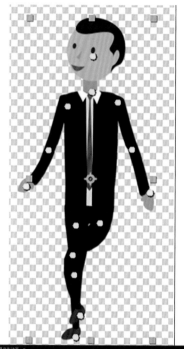

图 133 调整位置

（4）根据运动规律中人物8帧行走的特性，依次继续移动操控点手柄，使其发生位置形变，如图133所示。

具体位置的关键帧修改，如图134所示：

空白处表示与之前数值相同。第9处关键帧（01:15）与第1处关键帧（00:00）相同，既为8帧循环走路运动。

（5）将头部位置的关键帧删除，重新设置为按2个动画帧为区间的运动。

00:00时间上，头部位置：195.5,115.0，如图135所示。

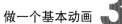

	00:00	00:05	00:10	00:15	00:20	01:00	01:05	01:10	01:15
头	195.5,115.0								
脖子	192.5,220.0								
右脚	243.5,928.0					243.5,849.2	121.5,839.1	159.6,874.6	243.5,928.0
右膝盖	246.5,751.0					147.4,697.6	119.4,687.4	134.7,697.6	246.5,751.0
右腿	234.5,607.0					219.3,604.5			234.5,607.0
左脚	144.5,937.0	155.1,809.3	55.9,843.9	60.9,896.6	144.5,937.0				
左膝盖	141.5,757.0	68.4,672.2	43.5,691.9	66.1,714.5	141.5,757.0				
左腿	144.5,610.0	106.0,596.7	92.6,592.3	105.1,607.4	144.5,610.0				
右手	366.5,520.0	217.7,526.4	142.3,491.2	202.6,516.3	305.5,527.6	381.7,517.5	424.9,489.5	371.6,514.9	366.5,520.0
右中关节	309.5,379.0	283.6,379.0	240.9,374.0	261.0,399.1	309.5,379.0	307.0,389.2	329.8,379.0	317.1,389.2	309.5,379.0
右肩	273.5,250.0								
左手	18.5,556.0	88.4,555.6	91.0,553.1	50.7,548.1	43.0,545.6	-2.7,535.4	-68.8,451.6	-7.8,497.3	18.5,556.0
左中关节	66.5,394.0	74.1,391.0	81.6,385.9	66.5,383.4	81.7,388.4	66.5,385.9	61.4,391.0	66.5,391.0	66.5,394.0
左肩	117.5,262.0								

图 134 参数设置

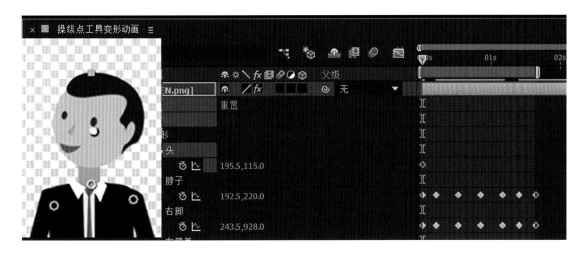

图 135 参数设置

00:10 时间上，头部位置：179.5, 119.0, 如图 136 所示。

00：20 时间上，头部位置：195.5, 115.0。如图 137 所示。

01:05 时间上，头部位置：207.5, 119.0, 如图 138 所示。

01:15 时间上，头部位置：195.5, 115.0（与第 1 处关键帧相同）。

此时，一套完整的人物走路的动画制作完成。

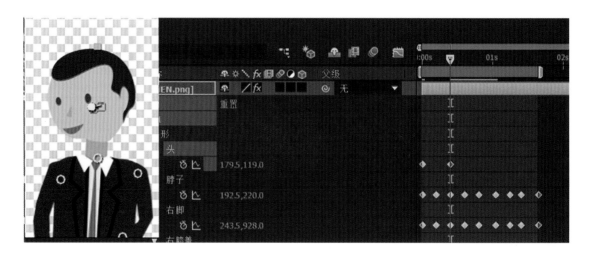

图 136 调整位置

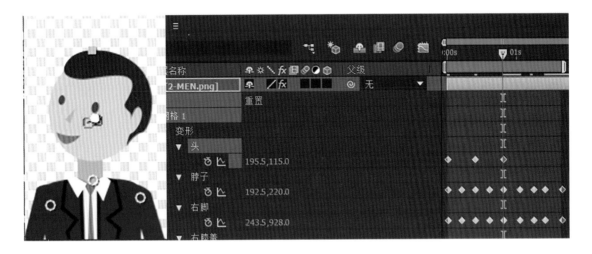

图 137 调整位置

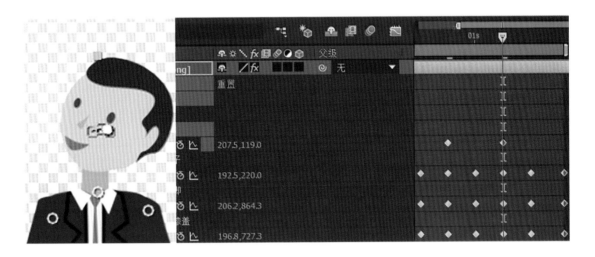

图 138 调整位置

(6) 利用表达式将关键帧设置为循环关键帧动画。在激活"操控点—头"下拉的位置属性后，按住 ALT 键，点击关键帧"<img_1>⏱"秒表。此时关键帧的数值变成红色，并在下方出现 effect（"操控"）.arap.mesh（"网格1"）.deform（"头"）.position，该处文字既为书写表达式的文本框，如图 139 所示。

点击位置属性下的右拉菜单，如图 140所示。

选择 Property–loopOut（type="cycle"，numKeyframes=0）依次利用表达式将所有操控点的位置属性设置为循环关键帧。如图141，图 142 所示。

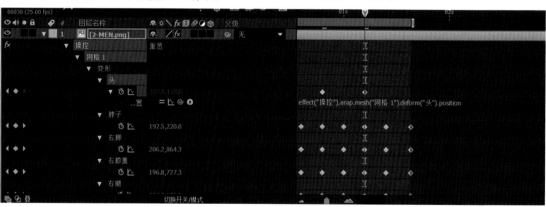

图 139 书写表达式

图 140 点击位置属性下的右拉菜单

关键帧循环表达式：

loopOut（type="cycle",numkeyframes=0）

cycle指类型为圆的循环→既对一组动作进行循环

numkeyframes=循环的次数
0为无限循环 1是循环一次   2是循环2次

图 141 关键帧的循环表达式

图 142 设置循环关键帧

（7）新建合成"最终动画"，将人物动画合成与背景图片共同置入。

在 00:00 时间上，打开记录位置关键帧。修改位置：1195.0, 594.0。如图 143 所示。

在 06:00 时间上，修改位置：835.0, 594.0，如图 144 所示。

此时完成了人物在场景中从右向左的走路动画。

（8）最终动画效果。如图 145 所示。

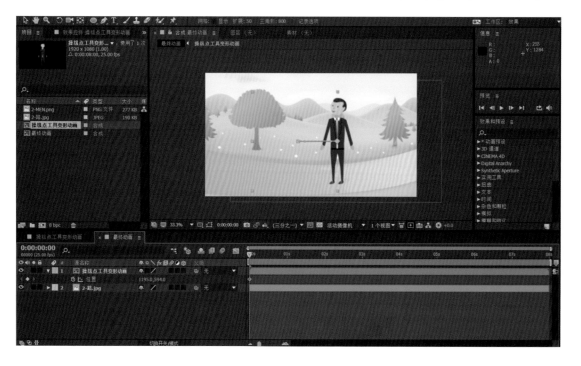

图 143 修改位置

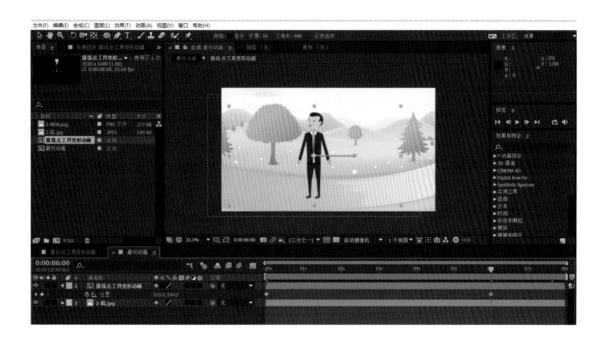

图 144 修改位置

图 145 效果图

第四章

**ADJUST COLOR AND
BACKGROUND KEYING**

调整色彩和背景键控

一 色彩校正

1 色阶与曲线调整

色阶调色教程。

色阶是表示图像亮度强弱的指数标准又称为色彩指数。在数字图像处理中,指的是灰度分辨率(又称为灰度级分辨率或者幅度分辨率)。图像的色彩丰满度和精细度是由色阶决定的,可以使用"色阶"调整图像的阴影、中间调和高光的强度级别,从而校正图像的色调范围和色彩平衡。

(1)导入视频素材,将鼠标停留在合成窗口内的视频上,可以看到在"信息面板"内出现该停留位置的像素详细信息数值:R(红)G(绿)B(蓝)A(ALPHA透明)通道信息以及X(横向)Y(纵向)坐标信息,如图1所示。

激活当前层时,在效果菜单栏中,选择"颜色校正—色阶",如图2所示。

左侧"效果控件"窗口会出现该效果的相应参数设置界面。

(2)色阶直方图是说明图层中像素色调分布的图表,横坐标标注质量特性值,纵坐标标注频数或频率值,各组的频数或频率的大小用直方柱的高度表示。通过直方图可以直观的看到色调分布情况,从而进行数值上的微调修改,如图3所示。

图 1 通道信息

图 2 选择"颜色校正 – 色阶"

在 RGB 通道下,"输入黑色"的数值越大,图层中暗部阴影越暗直至黑色;反之亦然,如图 4 所示。

在 RGB 通道下,"输入白色"的数值越小,图层中亮部高光越亮直至白色;反之亦然,如图 5 所示。

在 RGB 通道下,"输出黑色"的数值越大,图层整体色调越浅;反之亦然,如图 6 所示。

在 RGB 通道下,"输出白色"的数值越小,图层整体色调越深;反之亦然,如图 7 所示。

图 3 修改数值

FILM AND TELEVISION SPECIAL EFFECTS PRODUCTION

影视特效制作

图 4 输入黑色

图 5 输入白色

图 6 输出黑色

图 7 输出白色

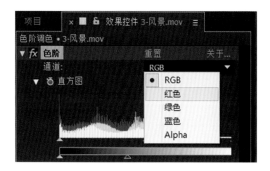

图 8 进行设置

图 9 互补色蓝青色

图 10 图层中红色亮部高光越亮

同时可以分别选择 RGB 通道, 在每个通道下进行详细的设置, 如图 8 所示。

在 R (红) 通道下, "红色输入黑色"的数值越大, 图层中红色暗部阴影越暗, 根据色相环互补原则, 呈现互补色蓝青色; 反之亦然, 如图 9 所示。

在 R (红) 通道下, "红色输入白色"的数值越大, 图层中红色亮部高光越亮, 反之亦然, 如图 10 所示。

在 G (绿) 通道下, "绿色输入黑色"的数值越大, 图层中绿色暗部阴影越暗, 根据色相环互补原则, 呈现互补色紫红色; 反之亦然, 如图 11 所示。

在 G (绿) 通道下, "绿色输入白色"的数值越大, 图层中绿色亮部高光越亮, 反之亦然, 如图 12 所示。

在 B (蓝) 通道下, "蓝色输入黑色"的数值越大, 图层中蓝色暗部阴影越暗, 根据色相环互补原则, 呈现互补色黄绿色; 反之亦然, 如图 13 所示。

在 B (蓝) 通道下, "蓝色输入白色"的数值越大, 图层中蓝色亮部高光越亮, 反之亦然, 如图 14 所示。

图 11 呈现互补色紫红色

图 12 图层中绿色亮部高光越亮

图 13 呈现互补色黄绿色

图 14 图层中蓝色亮部高光越亮

（3）根据视频素材的实际颜色，发现偏红偏灰。

如图 15 所示。在 RGB 通道下，修改"输入黑色"值为 30.0，修改"输入白色"值为 220.0，从而提高画面对比度，使远处山脉和白云的细节更明显。

在 R（红）通道下，修改"红色输入黑色"值为 30.0，从而减少画面中的红色暗部，使整体颜色葱郁通透。

图 15 设置参数

图 16 选择"颜色校正—曲线"

曲线调色教程。

（1）导入视频素材并激活该层时，在效果菜单栏中，选择"颜色校正 – 曲线"，如图 16 所示。

左侧"效果控件"窗口会出现该效果的相应参数设置界面。

（2）在坐标轴系统中，横坐标是其原来亮度，纵坐标是调整后的亮度。在未作调整时，图像为呈 45° 角的直线，既曲线上任何一点的横坐标和纵坐标都相等，如图 17 所示。

当把曲线上的一点往上拉，其的纵坐标大于横坐标，既表示调整后的亮度大于调整前的亮度，说明亮度增加了；反之亦然。

图 17 坐标轴系统

在 RGB 通道下，拖拽曲线上的一点往上拉，则使亮度增加；反之亦然，如图 18 所示。

在 R（红）通道下，拖拽曲线上的一点往上拉，则使红色部分亮度增加；反之根据色相环互补原则，呈现互补色蓝青色，如图 19 所示。

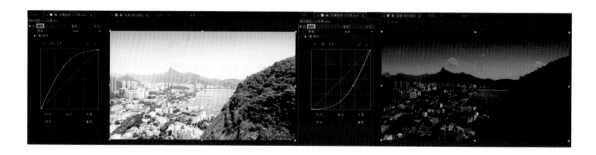

图 18 拖拽曲线

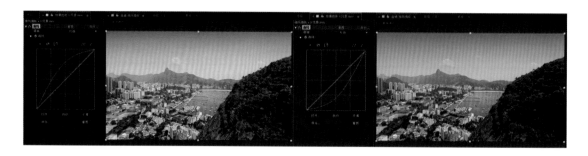

图 19 在 R（红）通道下，拖拽曲线

在 G（绿）通道下，拖拽曲线上的一点往上拉，则使绿色部分亮度增加；反之根据色相环互补原则，呈现互补色紫红色，如图 20 所示。

在 B（蓝）通道下，拖拽曲线上的一点往上拉，则使蓝色部分亮度增加；反之根据色相环互补原则，呈现互补色黄绿色，如图 21 所示。

曲线的调节点可以是一个或者多个。

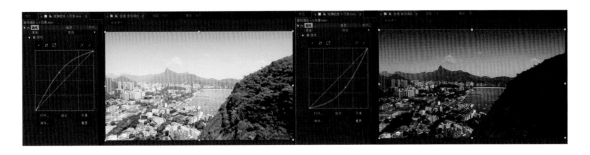

图 20　在 G（绿）通道下，拖拽曲线

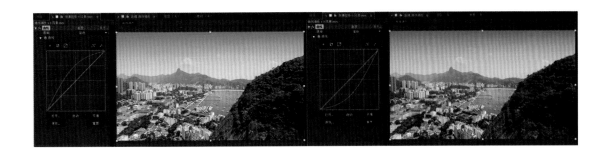

图 21　在 B（蓝）通道下，拖拽曲线

图 22 调整曲线

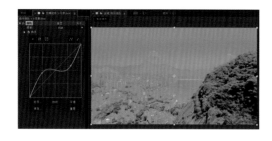

图 23 调整曲线

如图 22 所示， 当曲线有多个调节点呈现 'S' 形时。左侧点表示暗部调整后的亮度小于调整前的亮度，既暗部更暗；右侧点表示亮部调整后的亮度大于调整前的亮度，既亮部更亮。

如图 23 所示，当曲线呈现反 'S' 形时。左侧点表示暗部调整后的亮度大于调整前的亮度，既暗部更亮；右侧点表示亮部调整后的亮度小于调整前的亮度，既亮部更暗。此时画面呈现负片效果。

因此曲线调节点数量的不同、位置的不同和调节高低的不同，都会产生不同的调色效果。

而设置完成的曲线效果，可以点击左下角保存为 (.ACV) 格式的独立文件，该文件以供批量调色时打开载入使用。

（3）根据视频素材的实际颜色，发现偏红偏灰。

如图 24 所示，在 RGB 通道下，修改曲线为 'S' 形从而提高画面对比度，使远处山脉和白云的细节更明显。

在 R（红）通道下，拖拽曲线向下，则红色暗部部分亮度减少，使整体颜色葱郁通透。

图 24 修改曲线

2 色相饱和度和颜色平衡调整

色相饱和度调色教程。

色相是色彩的首要特征，是区别各种不同色彩的最准确的标准，是由原色、间色和复色来构成的。最初的基本色相为：红色、黄色、绿色、青色、蓝色、洋红。在各色中间加插一两个中间色，其头尾色相，按光谱顺序为：红、橙红、黄橙、黄、黄绿、绿、绿蓝、蓝绿、蓝、蓝紫，紫。这十二色相的彩调变化，在光谱色感上是均匀的。

饱和度就是色彩的浓度，或者说是鲜艳程度。越鲜艳的色彩通常就被认为越饱和。

（1）导入视频素材并激活该层时，在效果菜单栏中，选择"颜色校正—色相／饱和度"，如图 25 所示。

"效果控件"窗口会出现该效果的相应参数设置界面。

（2）在"通道范围"下方具有两条色相环，第一条是原有色相环；第二条是修改后色相环，可以通过两者的比较直观的看到色相环的具体变化，如图 26 所示。

在主通道下，拖拽"主色相"的角度盘，可以看到整体的画面发生色相变化，且在第二条色相环中显示修改后的色相状态，如图 27，图 28 所示，拖拽角度不同，既色相环的移动角度不同，则发生的变化效果也不同。

在主通道下，"主饱和度"的数值越小，图层中色彩浓度越低逐偏向黑白；反之亦然，如图 29 所示。

在主通道下，"主亮度"的数值越小，图层中色彩亮度越暗逐偏向黑色；反之亦然。此时可以看到色相环也发生相应变化，如图 30 所示。

图 25 选择"颜色校正／色相／饱和度"

图 26 "通道范围"下方具有两条色相环

图 27 效果图

图 28 效果图

图 29 效果图

图 30 效果图

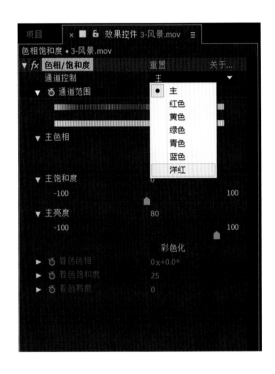

图 31 通道控制

同时可以分别选择红色、黄色、绿色、青色、蓝色、洋红通道，在每个通道下进行详细的设置，如图 31 所示。

以红色通道为例，如图 32 所示。在红色通道下，调节"红色色相"为 0x,120.0°，则图层中原红色部分改变色相为绿色。此时第二条色相环上，红色色环区域部分发生相应改变。

"红色饱和度"的数值越大，图层中原红色部分的色彩浓度越高越鲜艳。

在红色通道下，第二条色相环上的红色色环区域下具有范围角标，可以通过拖拽角标来扩大产生效果的红色通道范围。范围越大，则修改色相时发生变化的区域越大，如图 33 所示。

图 32 调节色相

图 33 调节红色通道范围

（3）根据视频素材的实际颜色，发现偏红偏灰。

在主通道下，修改"主饱和度"数值为50，提高画面的色彩浓度。在红色通道下，修改"红色饱和度"数值为–75，减少红色部分的色彩浓度。

在绿色通道下，扩大色相环应用范围后，修改"绿色色相"值为0x,+45.0°，使绿色部分稍微偏向黄绿色。修改"绿色饱和度"值为50，提高绿色部分的色彩浓度，使整体颜色葱郁通透，如图34所示。

图34 调整参数

图 35 选择"颜色校正 – 颜色平衡"

图 36 修改"阴影红色平衡"的值

颜色平衡调色教程。

颜色平衡可以改变图像颜色的构成,但不能精确控制单个颜色成分(单色通道),只能作用于复合颜色通道。通过对阴影部分、中间调部分和高光部分进行详细调整。与之前的颜色校正特效相比较,颜色平衡只能够粗略的调整颜色,因此建议结合多个特效效果进行色彩调整。

(1)导入视频素材并激活该层时,在效果菜单栏中,选择"颜色校正 – 颜色平衡",如图 35 所示。

左侧"效果控件"窗口会出现该效果的相应参数设置界面。

(2)修改"阴影红色平衡"的值,可以调整阴影部分红色区域的颜色。数值越小则阴影部分区域内的红色越少逐渐偏向青色;反之亦然偏向红色,如图 36 所示。

修改"阴影绿色平衡"的值,可以调整阴影部分绿色区域的颜色。数值越小则阴影部分区域内的绿色越少逐渐偏向紫色;反之亦然偏向绿色,如图 37 所示。

修改"阴影蓝色平衡"的值,可以调整阴影部分蓝红色区域的颜色。数值越小则阴影

部分区域内的蓝色越少,逐渐偏向黄色;反之亦然,偏向蓝色,如图 38 所示。

阴影、中间调、高光部分的调整操作方式同理。

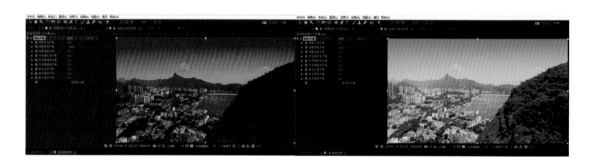

图 37 修改"阴影绿色平衡"的值

图 38 修改"阴影蓝色平衡"的值

（3）根据视频素材的实际颜色，发现偏红偏灰。

修改"阴影红色平衡"的值为 –10.0，修改"阴影绿色平衡"的值为 20.0，修改"阴影蓝色平衡"的值为 –10.0，修改"中间调红色平衡"的值为 –10.0，修改"高光蓝色平衡"的值为 30.0。使整体颜色葱郁通透。如图 39 所示。

图 39 调整参数

图 40 选择"颜色校正—更改颜色"

图 41 使用"要更改的颜色"右侧吸管工具

3 局部调色

上述教程都是对素材画面进行整体的调色,然而有时候也需要对局部进行调色。

局部调色的原理是将画面中的某个颜色替换成为另一个颜色,再结合一定的蒙版条件来达成调色效果。

(1)导入视频素材并激活该层时,在效果菜单栏中,选择"颜色校正—更改颜色",如图 40 所示。

左侧"效果控件"窗口会出现该效果的相应参数设置界面。

(2)使用"要更改的颜色"右侧吸管工具,在合成画面上吸取要更改颜色的部分,如图 41 所示。

图 42 修改参数

图 43 修改"匹配容差"的值

修改"色相变换"值为 280, 此时可以看到山头部分的绿色被更改成为了红色。但是更改范围过大, 此时将"匹配颜色"的模式修改为使用色相, 则只有植物部分的颜色被更改, 而山体部分颜色不会发生变化, 如图 42 所示。

修改"匹配容差"的值, 值比例越小则受到更改影响的区域越小; 反之亦然。如图 43 所示。

修改"亮度变换"的值, 值越小则受到更改影响的区域越暗; 反之亦然。如图 44 所示。

修改"饱和度变换"的值, 值越小则受到更改影响的区域饱和度越低, 偏向黑白, 反之亦然, 如图 45 所示。

如图 46 所示, 修改"色相变换"的值为 280.0, 修改"亮度变换"的值为 5.0, 修改"饱和度变换"的值为 15.0 此时可以看到山头的绿色植物颜色被更改为红色。

图 44 修改"亮度变换"的值

图 45 修改"饱和度变换"的值

图 46 修改参数

复制素材图层后，在上方图层上利用钢笔工具，将山头部分绘制蒙版。此时只有上层山头植物的颜色发生改变，而下层图层中远处的植物仍显示为绿色。

同时可以再次添加"更改颜色"效果，选取山头上未被更改颜色的部分，重复上述操作，将山头植物的颜色全部更改成红色，如图 47 所示。

最终完成效果，如图 48 所示。

图 47 添加"更改颜色"效果

图 48 效果图

图 49 选择"键控—线性颜色键"

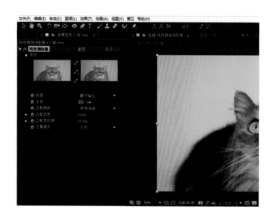

图 50 在"预览"下方具有两个视频小窗口

二 键控抠像

1 线性颜色键

键控是利用一个视频信号中不同部位的参量不同（例如亮度和色度），经过处理使待合成的两路视频信号交替输出，形成一个画面的一部分被抠掉而填进另一画面的效果，俗称"抠像"。

线性颜色键控抠像是根据 RGB 颜色或色相或色度信息，与指定的键控色进行比较，从而产生透明区域。其可以指定一个色彩范围（需要抠除部分的颜色）作为键控色，因此适用于背景颜色均匀时（如绿棚、蓝棚拍摄的视频素材）的抠像。

（1）导入视频素材并激活该层时，在效果菜单栏中，选择"键控 – 线性颜色键"。如图 49 所示。

左侧"效果控件"窗口会出现该效果的相应参数设置界面。

（2）在"预览"下方具有两个视频小窗口。第一个是用于显示素材画面的略图，第二个是用于显示键控效果的略图。如图 50 所示。

图 51 使用 "主色" 键控滴管

图 52 使用 RGB、色相、色度

其中间有三个滴管工具,可根据实际情况使用该工具:

键控滴管是用于素材视图中,选择键控色(需要抠除部分的颜色);

加滴管从素材视图或预览视图中选择颜色,为键控色,增加颜色范围;

减滴管从素材视图或预览视图中选择颜色为键控色减去颜色范围。

(3)使用 "主色" 键控滴管,在合成窗口内点击选取键控色(绿色),此时可以看到背景上的绝大多数绿色被抠除呈现透明状态,如图 51 所示。

在"匹配颜色"选项下有"使用 RGB"、"使用色相"、"使用色度"三种模式。根据模式不同,抠除键控色的方式、范围也不同。

使用 RGB:主要从键控色的颜色值为参照进行抠像。则素材左下侧较深的绿色部分并未被完全抠除。

使用色相:主要从键控色的色彩为参照进行抠像。则素材中所有绿色部分全部被抠除。

使用色度：主要从键控色的饱和度为参照进行抠像。由于猫毛整体偏灰色，饱和度较低，需抠除的绿色背景饱和度较高。可以根据显示键控效果的略图观察到，该模式较为适用，如图 52 所示。

"匹配柔和度"的数值越小，则抠除的边缘越锐利；反之则越柔和。如图 53 所示。

图 53 匹配柔和度

图 54 匹配容差

"匹配容差"的数值越小，则抠除的范围越小；反之则越大。如图 54 所示。

通过修改"视图"模式，可以观察抠除的边缘情况及完整程度，如图 55 所示。

当模式为"仅限遮罩"时，画面呈现黑白的剪影状态，黑色为抠除部分、白色为保留部分，如图 56 所示。

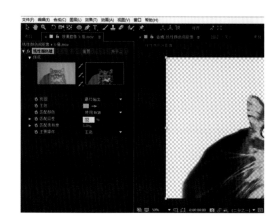

（4）经过不断的数值调试，得到最佳的键控效果。"匹配颜色"模式为使用色度。修改"匹配容差"的值为 6.0%，修改"匹配柔和度"的值为 2.0%，如图 57 所示。

（5）由于猫毛的边缘部分仍然有未抠除干净的绿色部分，再次在效果菜单栏中，选择"键控—高级溢出抑制器"，如图 58 所示。

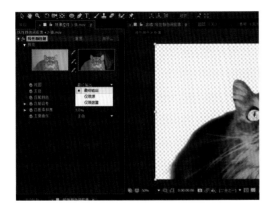

图 55 修改"视图"模式

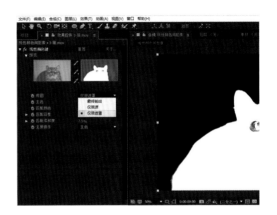

图 56 模式为"仅限遮罩"时

图 57 修改数值

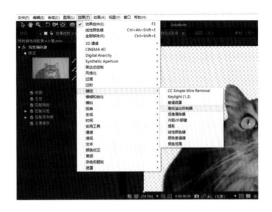

图 58 选择"键控—高级溢出抑制器"

图 59 修改"容差"、"溢出范围"等数值

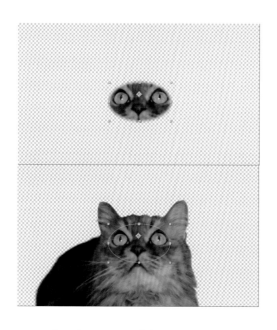

图 60 利用"椭圆工具"将猫脸部分绘制成蒙版

将"方法"改为极致模式后,可进行详细的数值操作。

使用"抠像颜色"键控滴管,在合成窗口内点击猫毛边缘部分的绿色,此时可以看到所有绿色被溢出抑制呈现猫毛的灰色,但其细节部分仍然很好的被保留着。

可再适当修改"容差"、"溢出范围"等数值来精确的保留细节,如图 59 所示。

但这里需要注意由于猫眼睛也为绿色,使用"高级溢出抑制器"时也被归入了溢出区域,被抑制后呈现为红色。因此将原视频图层复制之后叠于最上层,利用"椭圆工具"将猫脸部分绘制成蒙版,独立显示,从而不受到特效效果的影响,如图 60 所示。

图 61 调整位置

将背景图片置于最底层并调整位置大小。既通过线性颜色键控抠像，将绿棚中的猫与实景相结合，如图 61 所示。

最终完成效果，如图 62 所示。

图 62 效果图

图 63 选择"键控—颜色范围"

2 颜色范围

颜色范围键控抠像可以按照 RGB、Lab 或 YUV 的方式对一定范围内的区域颜色进行选择，这种抠像效果通常用于颜色不均匀时的抠像。

可以将"3.1.2 颜色平衡"案例继续拓展，抠除其天空背景。

在效果菜单栏中，选择"键控—颜色范围"，如图 63 所示。

左侧"效果控件"窗口会出现该效果的相应参数设置界面。

在"预览"下方具视频小窗口，是用于显示键控效果的略图。

有三个滴管工具，可根据实际情况使用该工具：

键控滴管是用于在素材视图中选择键控范围；

加滴管从素材视图或预览视图中选择颜色，为增加键控范围；

减滴管从素材视图或预览视图中选择颜色，为减去键控范围，如图 64 所示。

（1）使用"键控滴管"工具，在合成窗口内点击选取山体上方较白的天空颜色。此时可以在预览小窗口内看到该天空区域被抠除（黑色为抠除部分、白色为保留部分），如图 65 所示。

图 64 减去键控范围

图 65 使用"键控滴管"工具

（2）使用"加滴管"工具，继续点击选取上方较蓝的天空颜色，则被抠除的区域逐步扩大，如图 66 所示。

（3）"模糊"的数值越大，则被抠除的范围区域越大；反之则越小 . 如图 67 所示。

（4）由于最上方的较深蓝色天空未被抠除，可以利用"钢笔工具"绘制蒙版将其隐藏，如图 68 所示。

图 66 使用"加滴管"工具

图 67 调整数值

通过观察发现下方建筑物也有被轻微抠除的现象，则将原视频图层复制之后叠于最下层，利用"钢笔工具"将建筑物部分绘制成蒙版，独立显示，从而不受到特效效果的影响，如图 69 所示。

此时上下两个图层分别为：抠除天空部分的视频，以获取对山体部分的准确抠像。保留建筑物部分的视频，避免受到键控效果的影响。

（5）将背景视频素材置入最底层并调整位置大小。既通过颜色范围键控抠像，将原视频的天空抠除并替换，如图 70 所示。

经过对比可见，"替换蒙版内容"案例为定机位视频，天空部分的形状未发生改变，从而可以使用钢笔蒙版的方式抠除。而本案例中视频镜头左右摇晃，天空部分的形状改变，故采用键控抠像的方式。

（6）最终完成效果，如图 71 所示。

图 68 利用"钢笔工具"

图 69 利用"钢笔工具"将建筑物部分绘制成蒙版

图 70 原视频的天空抠除并替换

图 71 效果图

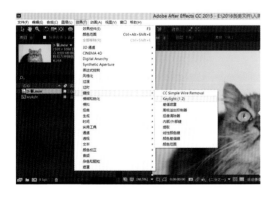

图 72 选择"键控—Keyligth(1.2)"

3 Keyligth(1.2)

Keyligth 操作简便,尤其擅长处理反光、半透明状态等复杂背景的视频素材。其深度功能对棘手的视频也能得心应手,有多种用以去侵蚀、柔化、去点等处理遮罩的工具,更有调色、溢光处理、边缘校正等工具来微调结果。

导入视频素材并激活该层时,在效果菜单栏中,选择"键控—Keyligth(1.2)",如图 72 所示。

图 73 参数设置

图 74 用"Screen Colour 吸取屏幕颜色"工具

图 75 修改"View 视图"模式

如图 73 所示，"效果控件"窗口会出现该效果的相应参数设置界面。

（2）用"Screen Colour 吸取屏幕颜色"吸管工具，在合成窗口内点击选取键控色（绿色），此时可以看到背景上的绝大多数绿色被抠除呈现透明状态，如图 74 所示。

通过修改"View 视图"模式，可以观察抠除的边缘情况及完整程度。当模式为"Screen Matte 屏幕遮罩"时，画面呈现黑白的剪影状态，黑色为抠除部分、白色为保留部分，如图 75 所示。

（3）打开"Screen Matte 屏幕遮罩"下拉菜单，可以详细设置遮罩参数，如图 76 所示。

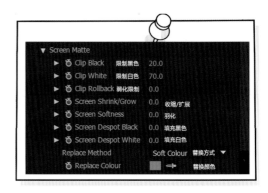

图 76 调整参数

图 77 修改 "Clip Black 限制黑色" 和修改 "Clip White 限制白色"

修改 "Clip Black 限制黑色"，数值越大则黑色蒙版区域越大，既抠除区域越大；反之越小。修改 "Clip White 限制白色"，数值越大则白色蒙版区域越大，既保留区域越大；反之越小，如图 77 所示。

修改 "Clip Rollback 弱化限制"，将黑白蒙版区域进行混合以获取中间区域。数值越大则混合力度越大，既抠除区域的硬度越弱化；反之越小。如图 78 所示。

修改 "Screen Shrink/Grow 收缩 / 扩展"，数值越大则黑色蒙版区域越收缩、白色蒙版区域越扩展，既抠除区域越小、保留区域越大；反之亦然，如图 79 所示。

图 78 修改 "Clip Rollback 弱化限制"

图 79 修改 "Screen Shrink/Grow 收缩 / 扩展"

图 80 修改 "Screen Softness 羽化"

图 81 选择为 "蒙版 1"

图 82 设置参数

修改 "Screen Softness 羽化"，数值越大则黑白蒙版区域边界越柔和羽化，既抠除的边缘越柔和，反之越锐利。如图 80 所示。

经过不断的数值调试，修改 "Clip Black 限制黑色" 数值为 20.0，修改 "Clip White 限制白色" 数值为 70.0。

由于猫眼睛也为绿色，使用 "钢笔工具" 将猫脸部位绘制成蒙版，修改蒙版混合模式为 "无"。

打开 "Inside Mask 内部蒙版" 下拉菜单，选择为 "蒙版 1"。此时钢笔绘制的蒙版区域成为 Keylight 效果的内部蒙版，既不参与键控抠像分析，从而不会被抠除，如图 81 所示。

打开 "Foreground Colour Correction 前景颜色校正" 下拉菜单，勾选激活后可以详细设置前景颜色参数，如图 82 所示。

图 83 调整参数

图 84 调整参数

修改"Saturation 饱和度",数值越大则饱和度越高,既色彩越鲜艳;反之亦然。修改"Contrast 对比度",数值越大则对比越强烈;反之亦然。修改"Brightness 亮度",数值越大则越明亮;反之亦然。

经过不断的数值调试,修改"Saturation 饱和度"的数值为 200.0,修改"Contrast 对比度"的数值为 20.0,修改"Brightness 亮度"数值为 5.0,如图 83 所示。

打开"Edge Colour Correction 边缘颜色校正"下拉菜单,勾选激活后可以详细设置边缘颜色参数。在此猫毛的边缘抠除较为合理,不再叙述。其操作方式与前景颜色校正雷同,如图 84 所示。

(4) 将背景图片置入最底层并调整位置大小。既通过 Keylight(1.2) 键控抠像,将绿棚中的猫与实景相结合,如图 85 所示。

调色前后对比效果图,如图 86 所示。

图 85 效果图

图 86 调色前后对比图

第五章

BASIC KNOWLEDGE OF
LATE EFFECTS

粒子与仿真系统

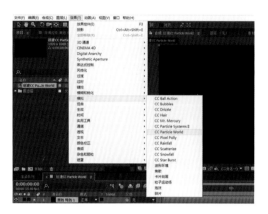

图 1 选择"模拟（粒子世界）"

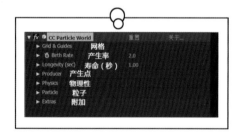

图 2 参数设置

一 粒子系统

1 创建 CC Particle World

CC Particle World 特效是 AE 自带插件中一个功能较强大的模拟粒子类特效，通过调整发射的模式、粒子的类型、物理系统等参数，模拟出云、雾、烟、火、烟花、雪、雨、爆炸等粒子效果。

新建纯色层。激活纯色层并在效果菜单栏中，选择"模拟—CC Particle World（粒子世界）"，如图 1 所示。

如图 2 所示"效果控件"窗口会出现该效果的相应参数设置界面。

打开"Producer 产生点"下拉菜单，可以详细设置粒子产生点的位置及大小参数。产生点既指粒子效果产生时发射点，当发射点的位置大小不同时，会影响粒子效果不同。

修改"Position X /X 轴位置"的数值，值为正数且越大时，X 轴越往正方向（右侧）偏移；反之值为负数且越小时，X 轴越往反方向（左侧）偏移。如图 3 所示。同理修改"Position Y/ Y 轴位置"、"Position Z / Z 轴位置"的数值，轴线位置会发生偏移。

修改"Radius X /X 轴半径"的数值, 数值越大则 X 轴向上的半径越大, 既产生点的发射范围越大; 反之越小。如图 4 所示。

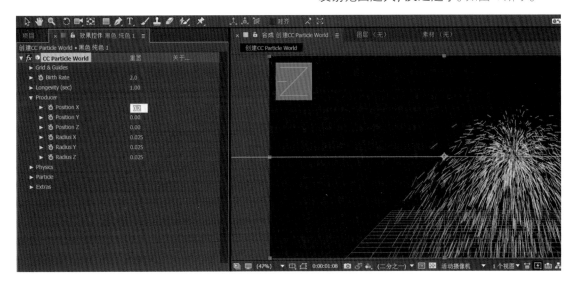

图 3 修改"Position X /X 轴位置"的数值

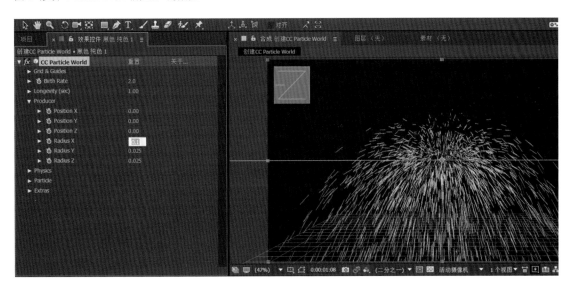

图 4 修改"Radius X /X 轴半径"的数值

同理修改"Radius Y/ Y 轴半径"、"Radius Z /Z 轴半径"的数值,轴线上的半径也随之改变,从而改变发射范围的大小。

经过不断的数值调试,修改"Position Y /Y 轴位置"的数值为 0.20,使得产生点贴近地面网格。修改"Radius X /X 轴半径"的数值为 0.1,修改"Radius Y/ Y 轴半径"的数值为 0.025,修改"Radius Z/ Z 轴半径"的数值为 0.0,使得产生点呈椭圆形范围,如图 5 所示。

2 自定义发射类型和粒子形状

(1)打开"Physics 物理性"下拉菜单,可以详细设置粒子动画类型及物理特性参数,如图 6 所示。

通过修改"Animation 动画类型"下拉菜单内的选项,可以改变粒子发射的动画状态。根据不同的情况,可模拟出爆炸、龙卷风、火焰等常用特效,如图 7 所示。

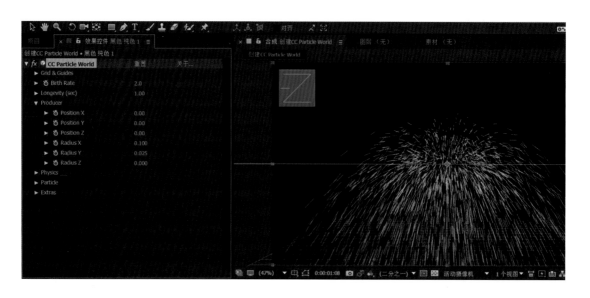

图 5 调整参数

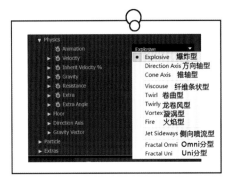

图 6 设置参数

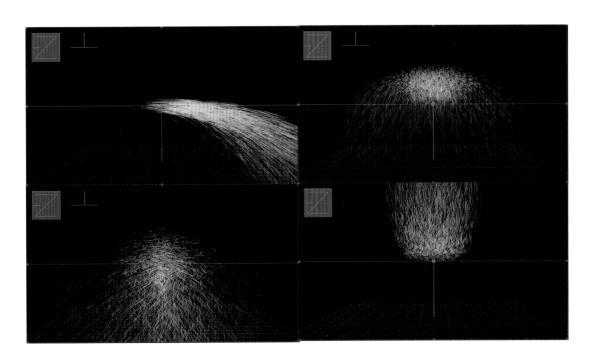

图 7 各种特效

修改"Velocity 速度"，数值越大则粒子发射速度越快，既爆发出的范围越大；如图8所示。反之则越小，当数值为负值时，粒子发射状态向内聚拢，如图9所示。

修改"Gravity 重力"，数值越大则粒子受到的重力效果越显著（锥轴型、火焰型等粒子向上发射的动画类型，其重力方向默认向上），如图10所示；反之，则不受到重力影响（或较小的影响），产生如同真空下的漂浮状态，如图11所示。

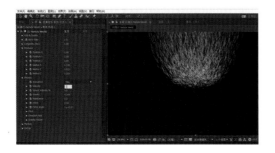

图 8 修改"Velocity 速度"

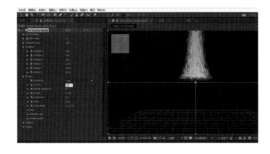

图 9 修改"Gravity 重力"

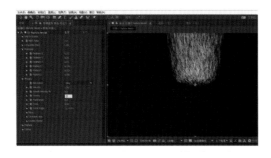

图 10 修改"Resistance 阻力"

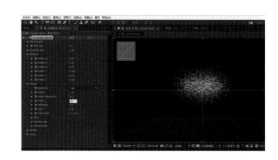

图 11 修改"Extra 额外"

修改"Resistance 阻力"，数值越大则粒子受到的阻力效果越显著，既粒子发射的距离变，如图 12 所示。

修改"Extra 额外"，数值越大则粒子发射的紊乱性越显著，既粒子将在正方向上离开产生点一段距离后再发生发射反应；如图 13 所示。反之数值越小为负时，粒子在反方向上离开产生点发生发射，如图 14 所示。

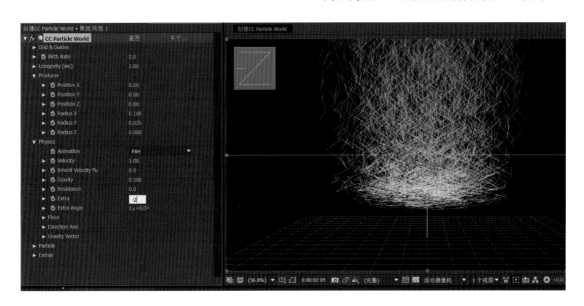

图 12 修改"Resistance 阻力"

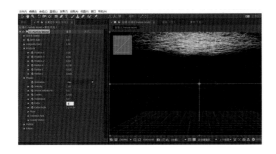

图 13 修改"Extra 额外"

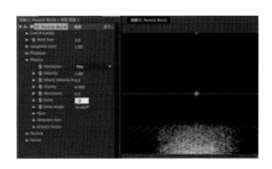

图 14 修改"Extra 额外"

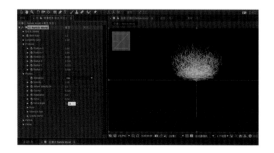

图 15 修改 "Extra Angle 额外角度"

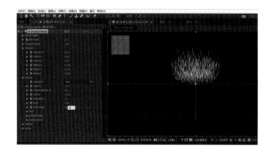

图 16 修改 "Extra Angle 额外角度"

修改 "Extra Angle 额外角度"，数值（圈数）越大则粒子发射的自转角度越大，即产生缠绕效果；如图 15 所示。反之则自转角度越小，当数值（圈数）为零时，粒子笔直向上发射，如图 16 所示。

经过不断的数值调试，修改 "Velocity 速度" 数值为 –0.50，修改 "Gravity 重力" 数值为 0.5，修改 "Resistance 阻力" 数值为 2.0，修改 "Extra 额外" 数值为 0.5。此时获得粒子向上发射且受到一定阻力影响、向内聚拢的火焰发射效果，如图 17 所示。

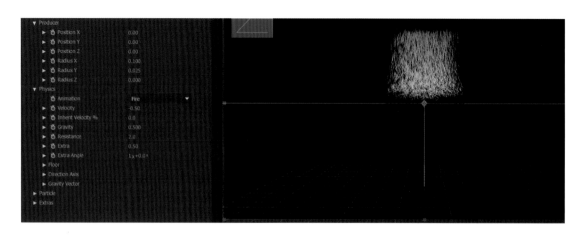

图 17 修改参数

（2）打开"Particle 粒子"下拉菜单，可以详细设置粒子形状类型及发射效果参数，如图 18 所示。

图 18　设置粒子参数

通过修改"Particle Type 粒子类型"下拉菜单内的选项，可以改变粒子发射的形状。根据不同的情况，可选择星形、球形、三角面片形、立方体等常用形状，甚至还可以自定义指向某个图层作为粒子形状，如图 19 所示。

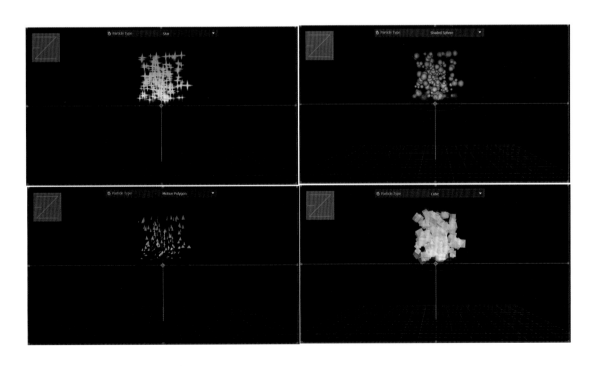

图 19　修改"Particle Type 粒子类型"

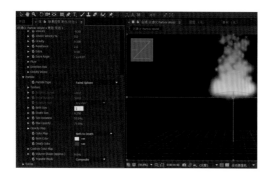

图 20 修改 "Birth Size 出生尺寸"

修改 "Birth Size 出生尺寸"，数值越大则出生部分的（既产生点的区域）粒子形状越大；如图 20 所示。反之则越小，如图 21 所示。

（3）修改 "Death Size 死亡尺寸"，数值越大，则死亡部分（既发射至末尾的消亡区域）粒子形状越大；如图 22 所示，反之则越小。如图 23 所示。

（4）通过修改 "Birth Color 出生颜色"、"Death Color 死亡颜色"，可以赋予粒子不同的颜色效果，如图 24、图 25 所示。

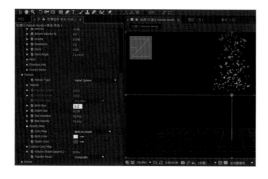

图 21 修改 "Birth Size 出生尺寸"

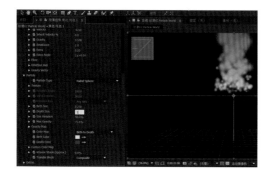

图 22 修改 "Death Size 死亡尺寸"

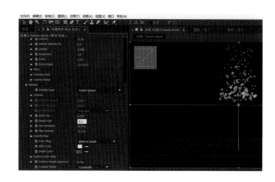

图 23 修改 "Death Size 死亡尺寸"

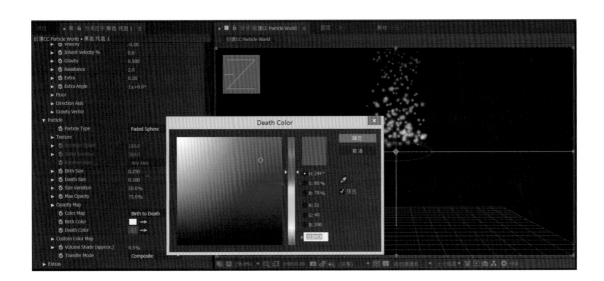

图 24 修改 "Birth Size 出生尺寸"

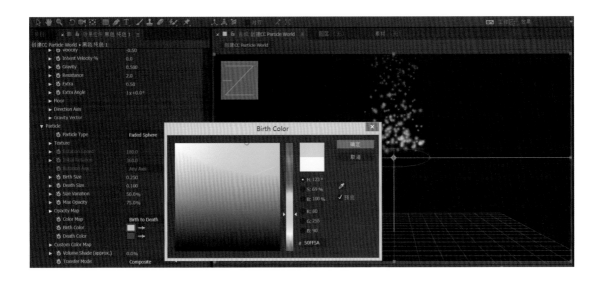

图 25 修改 "Death Size 死亡尺寸"

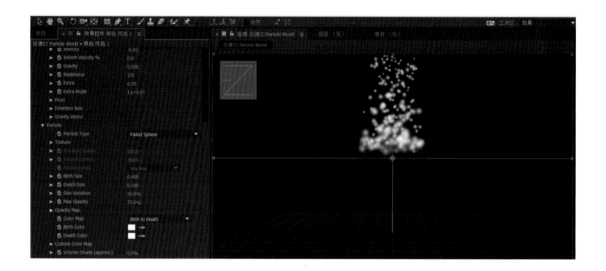

图 26 颜色改为白色

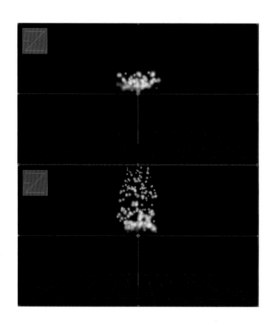

图 27 粒子发射效果

经过不断的数值调试，修改"Particle Type 粒子类型"为 Faded Sphere 褪色球

修改"Birth Size 出生尺寸"数值为 0.4，修改"Death Size 死亡尺寸"数值为 0.1

修改"Birth Color 出生颜色"、"Death Color 死亡颜色"均为白色，如图 26 所示。

此时获得了白色的球状粒子发射效果，如图 27 所示。

图 28 选择 "模糊和锐化 (向量模糊) "

3 制作烟雾动画

1.继续在效果菜单栏中,选择"模糊和锐化—CC Vector Blur (向量模糊) "。

如图 28 所示,"效果控件"窗口会出现该效果的相应参数设置界面。

修改 "Amount 数量" 数值为 50.0,既对粒子发射效果进行了运动模糊效果,如图 29 所示。

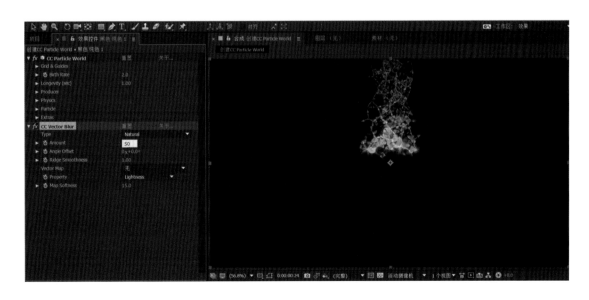

图 29 修改 "Amount 数量"

图 30 选择"模糊和锐化 – 高斯模糊"

（2）继续在效果菜单栏中，选择"模糊和锐化 – 高斯模糊"。

如图 30 所示"效果控件"窗口会出现该效果的相应参数设置界面。

修改"模糊度"数值为 15.0，既再次对整体进行了模糊效果，以减少向量模糊后产生的锐化边缘。此时获得了朦胧的烟雾动画效果，如图 31 所示。

将背景图片置于最下层。调整纯色层（添加粒子特效的层）位置及大小，并修改其不透明度为 80.0%。如图 32 所示。此时获得了从咖啡杯上袅袅飘散出的烟雾特效。

最终完成效果。如图 33 所示。

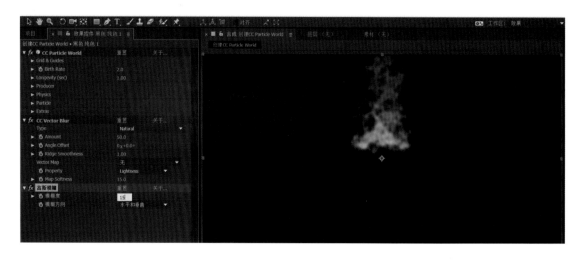

图 31 修改"模糊度"数值

图 32 调整图层

图 33 效果图

图 34 选择"模拟 – 碎片"

图 35 设置参数

二 模拟破碎

1 创建碎片

碎片特效是 AE 自带插件中一个功能较强大的模拟仿真类特效,可以将所应用的层(图片素材、视频素材、纯色形状均可运用)分裂成指定形状的三维碎片,并在分裂的过程中进行多个参数的自定义。通过对碎片的形状、材质贴图、分裂的先后顺序、受力影响情况、灯光、摄像机系统等进行自定义,来制作出爆炸、破碎、裂痕等效果。

导入图片素材并激活该层时,在效果菜单栏中,选择"模拟 – 碎片",如图 34 所示。

"效果控件"窗口会出现该效果的相应参数设置界面。

该效果添加后会自动产生受到重力影响,碎片向下坠落动画效果。可以通过参数设置来创建出不同的动画效果。

(1)在视图显示模式中,可选择"线框 + 作用力"选项,此视图显示了碎片的线框状态、碎片受力点的范围,以及包含了摄像机视角的控制状态,以便于直观调整。如图 35 所示。

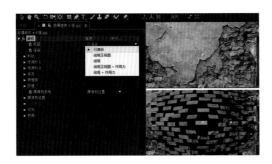

图 36 选择已渲染

图 37 设置形状样式的参数

（2）当完成调整设置后，可选择"已渲染"选项，此视图显示使用效果的状态，以便于看到最终的结果，如图 36 所示。

2 自定义贴图材质和形状

在"形状"下拉菜单中，可以详细设置形状样式的参数。如图 37 所示。"图案"模式里内置提供了多种常用的碎片形状。如砖块、玻璃、人字形、六边形、正方形、三角形等。

根据场景不同所需不同，可以自由选择调节碎片的形状，如图 38、图 39 所示。

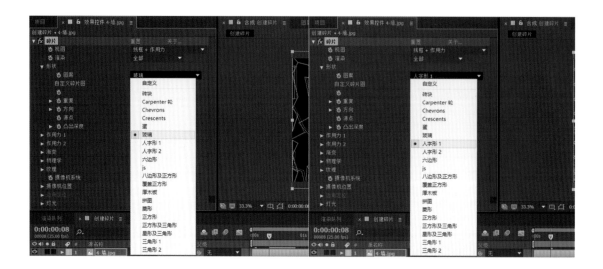

图 38 选择调节碎片的形状

图 39 选择调节碎片的形状

同时也可以使用"钢笔工具"绘制形状图层，来作为碎片的自定义形状。

如图 40 所示，绘制一定量的形状（注意需要绘制在同一图层内）后，隐藏形状图层为不可见。

选择"图案"模式为自定义，并且在"自定义碎片图"下拉菜单内选择"1.形状图层1"此时可以看到图层的碎片形状发生相应改变。如图 41 所示。

同样其也受到重力影响，产生向下坠落动画效果，如图 42 所示。

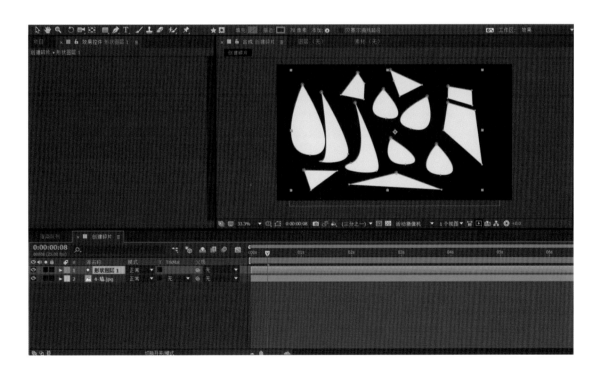

图 40 绘制形状

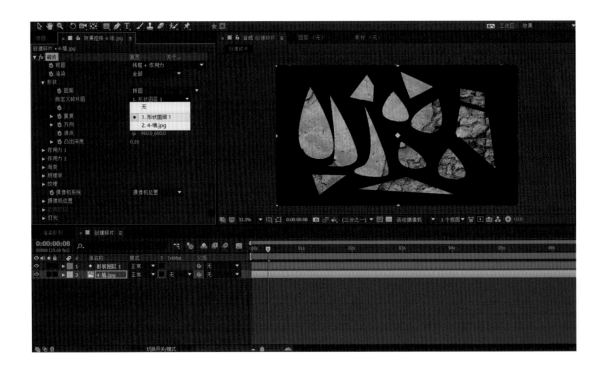

图 41 选择 "图案" 模式为自定义

图 42 效果图

形状选项内的其他参数设置。

（1）修改"重复"，数值越大则图案形状呈重复性排列，既碎片越小；如图43所示。反之则碎片越大，如图44所示。

（2）修改"方向"的值，则图案形状排列方向发生旋转，既碎片发生旋转，如图45所示。

（3）修改"源点"的值，则图案形状排列中心点的位置发生变化，既碎片破碎时的发生点改变，如图46所示。

（4）修改"凸出深度"，数值越大则碎片侧面的厚度越厚；如图47所示。反之则越薄，如图48所示。

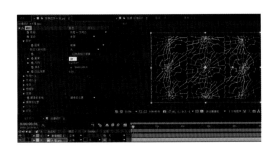

图 43 修改"重复"

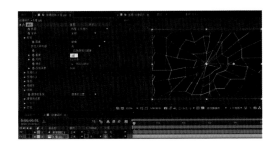

图 44 修改"重复"

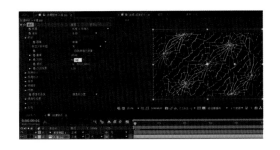

图 45 修改"方向"的值

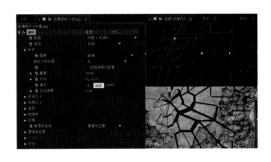

图 46 修改"源点"的值

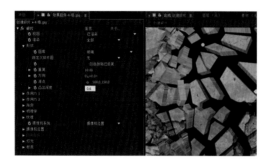

图 47 修改"凸出深度"

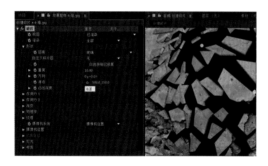

图 48 修改"凸出深度"

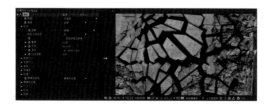

图 49 修改参数

（5）经过不断的数值调试，修改"重复"数值为 15.00，修改"源点"数值为 500.0,150.0 修改"凸出深度"数值为 0.30，如图 49 所示。

在"纹理"下拉菜单中，可以详细设置贴图材质或颜色的参数。如图 50、图 51 所示。

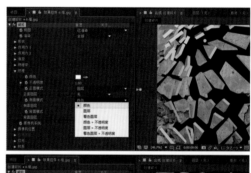

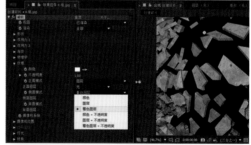

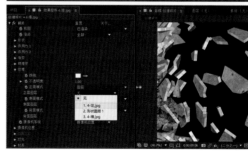

图 50 设置参数

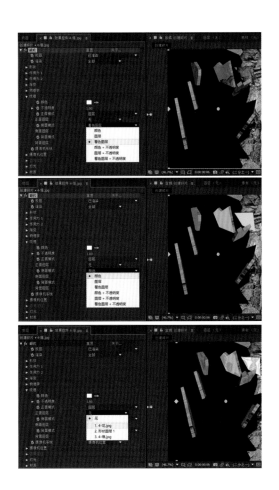

图 51 设置参数

纹理贴图是针对正面、侧面、背面模式分开设置的，也就是说对于每个面都可以用指定的层贴图。通过点击"正、侧、背面模式"下拉菜单，可以选择以下六种模式：

颜色：使用指定的颜色作为贴图，既使用"颜色"面板可详细选择颜色。

图层：使用图层作为贴图（默认为原始图层)，可以通过选择其他图层进行纹理贴图。

着色图层：既使用颜色和图层的正片叠底混合模式作为贴图。

后三种模式添加了不透明度的选项。通过调节"不透明度"，数值越小则贴图越透明，显露出下方背景；反之则不具有透明度。

图 53 修改"位置"

3 设定破碎运动规律

在"作用力"下拉菜单中,可以详细设置其参数。

产生作用力的范围可看作为一个球,其具有三维坐标,位置代表了 XY 坐标,而深度则是 Z 坐标。当作用力产生的"球"和层的相交的部分就是碎片特效作用的区域,此时爆炸的碎片是飞离球心的。通过调整设置球半径和作用力强度值,可以决定碎片的破碎程度。

修改"位置",将作用力的位置点至于图层左上方。如图 52 所示,效果图如图 53 所示。

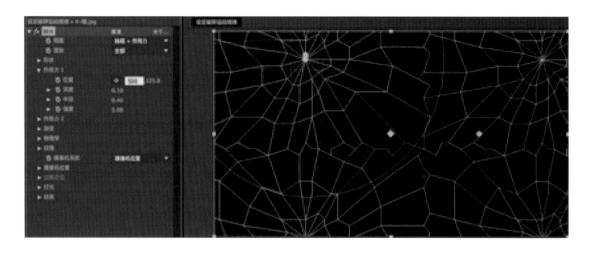

图 52 效果图

修改"半径"，数值越大则球体范围越大，既产生作用力的范围越大；如图 54 所示，反之则越小，如图 55 所示，在半径范围之外的部分，不受到作用力影响从而不发生破碎。

修改"强度"数值越大则作用力强度越大，既破碎程度越厉害；如图 56 所示，反之则越弱。当数值为负值时，则破碎向内部凹陷，如图 57 所示。

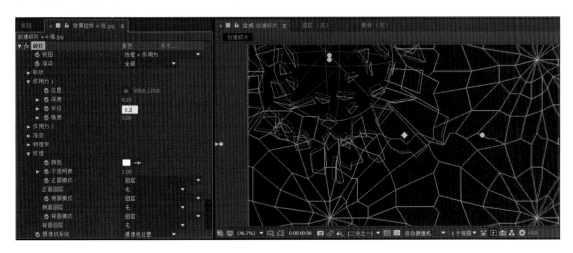

图 54 修改"半径"

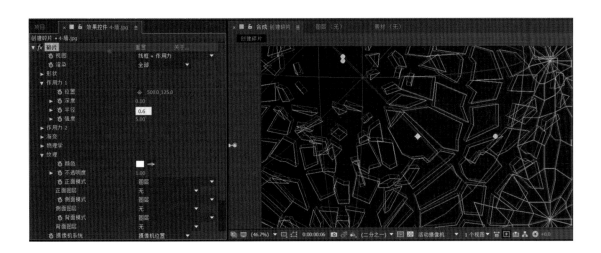

图 55 修改"半径"

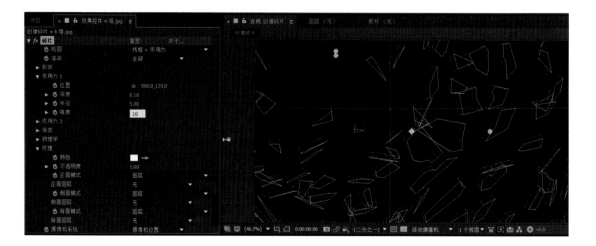

图 56 修改"强度"

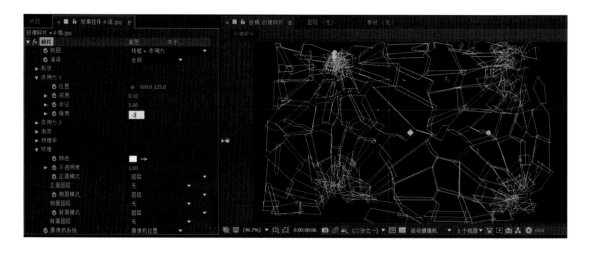

图 57 修改"强度"

图58 修改参数

经过不断的数值调试,修改"位置"数值为 500.0,125.0,修改"半径"数值为 0.5,修改"强度"数值为 5.0,此时如图 58 所示获得墙体左上角处破碎的效果。

在"物理学"下拉菜单中,可以详细设置其参数。通过物理力的影响不同,进行模拟仿真而产生各种破碎效果。

修改"旋转速度",数值越大,则旋转速度越快;如图 59 所示,反之越慢,如图 60 所示。

可以通过指定碎片的旋转速度,根据不同的材质指定较为真实的旋转速度。

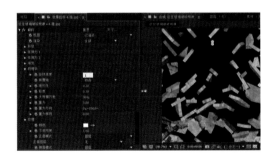

图 59 修改"旋转速度"

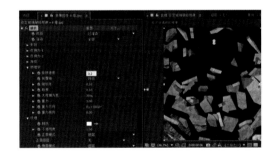

图 60 修改"旋转速度"

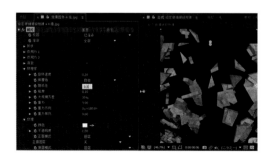

图 61 修改"随机性"

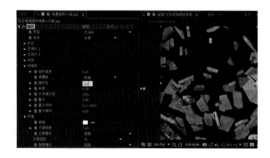

图 62 修改"随机性"

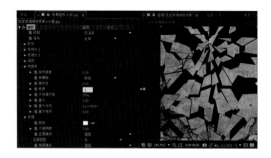

图 63 修改"粘度"

（2）修改"随机性"，数值越大，则碎片破碎出去的轨迹越随机变化；如图 61 所示。反之按统一方向破碎，如图 62 所示。

（3）修改"粘度"，数值越大，则碎片的飞行速度受到较大阻力的影响，即碎片仅炸开就会停下；如图 63 所示，反之则如同在真空中不受阻力影响，如图 64 所示。

（4）重力是模拟仿真中非常重要的参数之一。通过改变重力的大小，来模拟真实环境下物体受到力的影响而产生的不同的运动状态，如图 65 所示。

修改"重力"，数值越大，则重力效果越显著，即碎片受到重力影响向下坠落；反之碎片不受到重力影响（或较小的影响），产生如同真空下的漂浮状态，如图 66 所示。

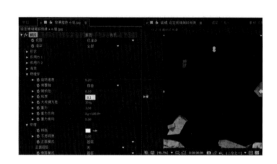

图 64 修改"粘度"

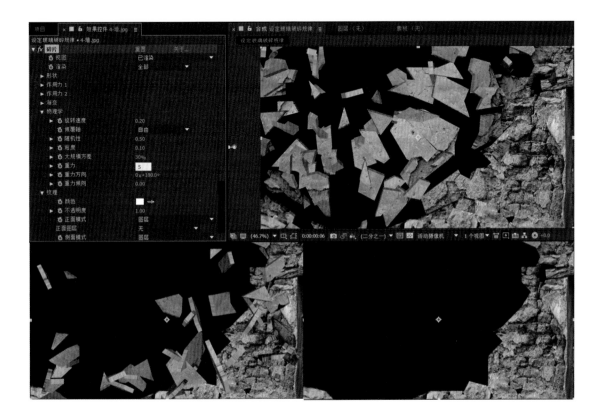

图 65 设置参数

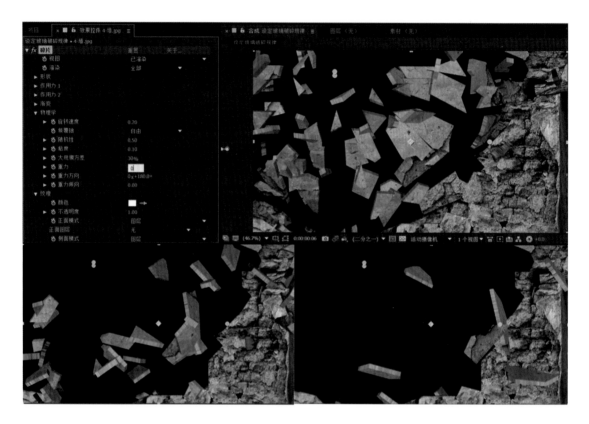

图 66 修改 "重力"

修改"重力方向"的数值不同，既碎片受到重力影响而坠落的方向不同。

默认情况下，重力的方向为 0x,180°（向下），如图 67 所示。

在"灯光"下拉菜单中，可以详细设置其参数。将"灯光类型"模式修改为点光源，此时获得聚光灯类型效果的灯光。同时调整"灯光位置"数值来确定其在画面上的位置。

可以点击修改"灯光颜色"根据实际情况调整获得冷、暖光源或特殊颜色光源。

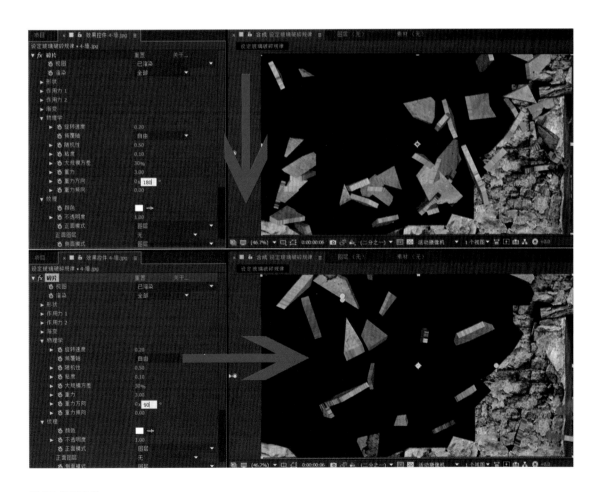

图 67 设置参数

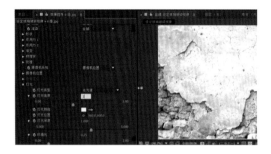

图 68 修改 "灯光强度"

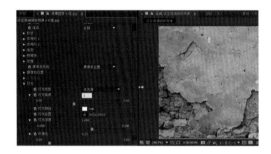

图 69 修改 "灯光强度"

（1）修改"灯光强度"，数值越大，则灯光强度越强，既画面越亮；如图 68 所示，反之越暗，如图 69 所示。

（2）修改"灯光深度"，数值越小则深度约浅，既聚光灯效果越明显，灯光强度由灯光中心位置向外扩散减弱，如图 70 所示。

（3）最终完成效果，如图 71 所示。

四、 通过各项关键帧制作文字破碎动画

导入素材图片（带 ALPHA 通道的 PNG 图片）后，添加"碎片"特效。将"形状"的"图案"模式改为星形及三角形，如图 72 所示。

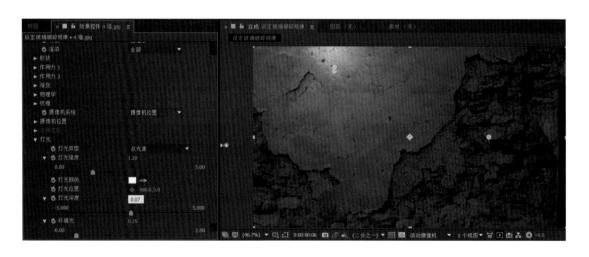

图 70 修改 "灯光深度"

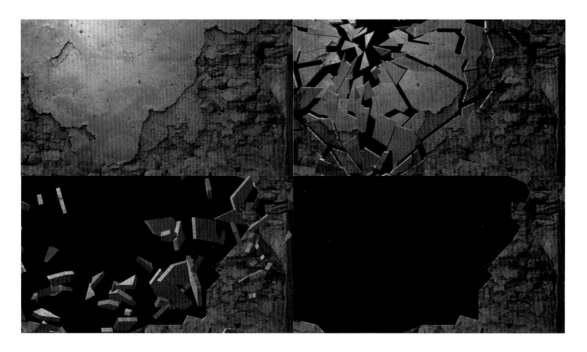

图 71 效果图

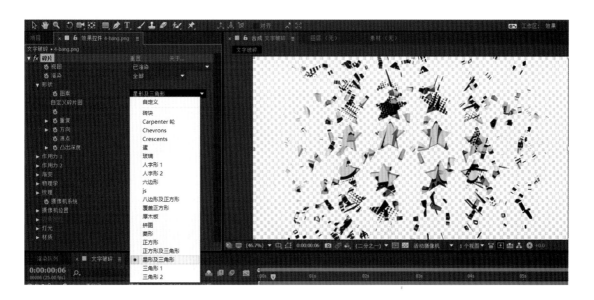

图 72 添加特效

（1）在 00:00 时间上，打开记录"作用力 1"下拉菜单内的位置关键帧。修改位置为 1450.0,540.0，如图 73 所示。

（2）在 02:00 时间上，修改"作用力 1"下拉菜单内的位置为 645.9,540.0，如图 74 所示。

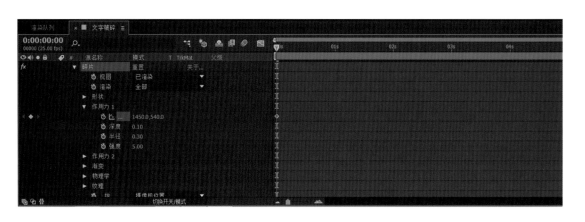

图 73 设置参数

图 74 设置参数

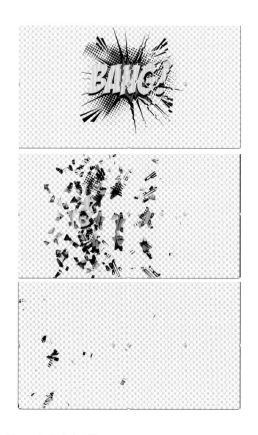

图 75　文字破碎动画

此时获得了从右向左的文字破碎动画，如图 75 所示。

打开"物理学"下拉菜单，修改"重力"数值为 2.00，减小碎片受重力影响的坠落效果。

同时将"重力方向"数值改为 0x.0°，既改变重力的方向朝上，使碎片在破碎时向上飘走，如图 76 所示。

由于"碎片"特效效果默认是将图层破碎产生碎片效果，因此想要获得由碎片组合成图层的效果时，必须将合成倒叙播放。

将"文字破碎"合成的长度修改至 3 秒后，置入一个新"最终合成"。

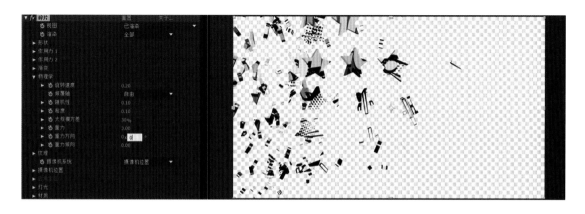

图 76　修改数值

（1）点击时间线左下角"展开或折叠入点／出点／持续时间／伸缩窗格"图标，如图77所示。

（2）修改"拉伸因数"数值为 –100，此时既将改合成内容为倒叙播放，如图78所示。

（3）如图79所示，被倒叙播放的合成会在其下方位置产生红色斜条纹标示。

图77 点击图标

图78 修改参数

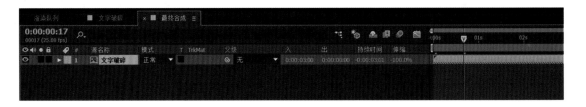

图79 修改参数

当碎片组合成图层后，可以将原始文字图层再次拖拽到时间线窗口上，置于"文字破碎"合成的后方，以保持文字出现后的停留。最后将背景图片置于最下层，如图 80 所示。

（4）最终完成效果，如图 81 所示。

图 80 将背景图片置于最下层

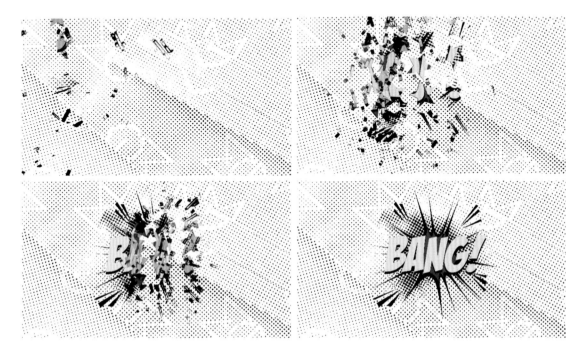

图 81 效果图

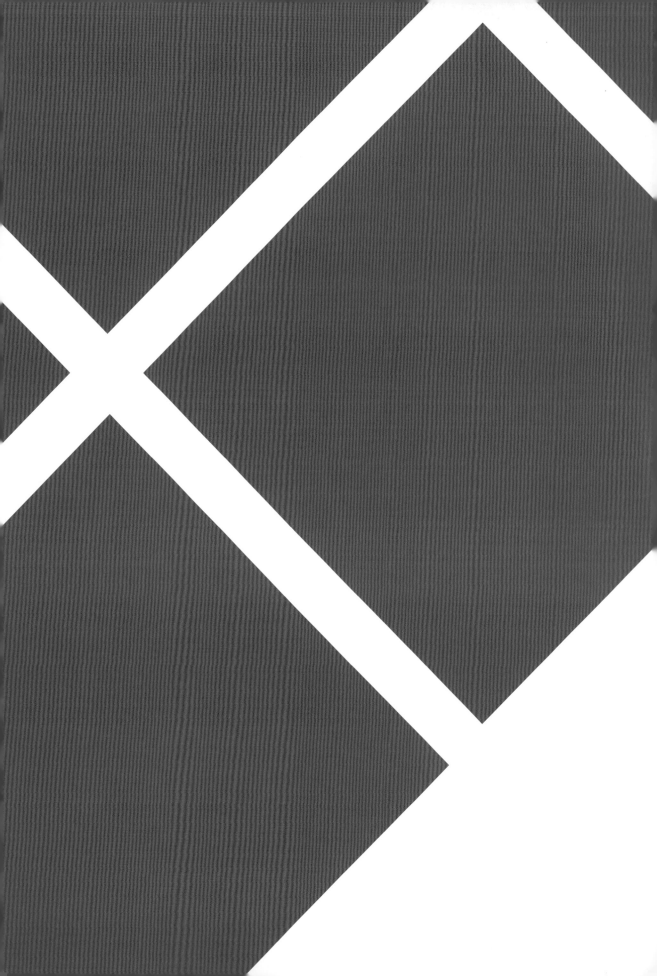

第六章

COMPREHENSIVE CASE
APPLICATION

综合案例应用

图 1 片名为"青春绽放艺术节"

总任务

为某艺术节的 5 周年回顾片制作一套包装，包括节目片头和标版动画。由艺术节提供 logo（文件名为：绽放 LOGO.psd），如图 1 所示，片名为"青春绽放艺术节"。

画面规格为：1920×1080，25fps，输出格式为 mov，选择 h264 编码，质量为 100%。

在这个案例中，我们需要综合运用 Photoshop、Premiere 和 After Effects 多种软件，进行设计和制作。

图 2 设置参数

图 3 导入到 ps 中

图 4 进行分层处理

1 片名定稿设计

对于 logo 的分析，在 Photoshop 中，为本个片头设计片名的定稿画面。

（1）在 Photoshop 中新建一个新的文件（文件名可设定为：片名定版设计），其分辨率为 1920*1080，分辨率为 72，颜色空间为 RGB，像素宽高比为 1，如图 2 所示。

（2）将艺术节提供的 logo（文件名为：绽放 LOGO.psd）导入到新建的"片名定版设计"文件中，如图 3 所示。

（3）随后对文字进行重新处理和排版。"青春"二字是本片名重点，如图 4 所示。通过 logo 背景色，调整"青春"二字的填充颜色。通过选择工具对"青春"二字进行分层处理。

将文件中的"背景"图层复制一层，如图 5 所示。与"青春"图层进行编组。调整"背景"图层的位置和颜色，使得画面色彩和谐。为"青春"图层添加投影和描边效果，使得该文字具备立体感，如图 6 所示。

（4）接下来，对"绽放艺术节"图层，进行处理。为了增加文字的识别性和立体感，为该图层添加描边和投影的效果。如图 7、8 所示，效果所图 9 所示。

图 5 复制图层

图 8 添加描边和投影的效果

图 6 添加投影和描边效果

图 9 效果图

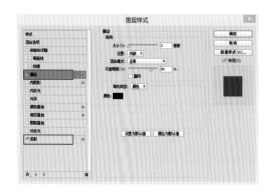

图 7 调整设置

2 片头素材画面处理

在本案例中，客户提供了一组画面，包含艺术节的部分导师、参与者以及演出海报，均为静态图片，在色彩、尺寸、画面风格、构图等方面均有区别，需要寻找一种方式进行处理，打破原先静态图片呆板的状态，使得这一组画面显得更加整体、且具有动感，如图 10、图 11 所示。

图 10 案例

图 11 案例

图 12 建立文件夹

（1）项目和合成的建立

在 After Effects 中新建项目，导入素材。为了便于后期对于素材的管理，可在项目窗口中建立素材文件夹，并进行合理的命名，如图 12 所示。新建合成，其设定为 1920×1080, 25fps, 如图 13 所示。

将素材导入到新建的合成"photo1"中。由于第一张图片为竖版，通过添加纯色层的方式为合成添加背景，如图 14 所示。

在背景图层上添加"四色渐变"效果，通过对四点颜色的控制，获得与前景色彩相似的背景色，如图 15 所示。

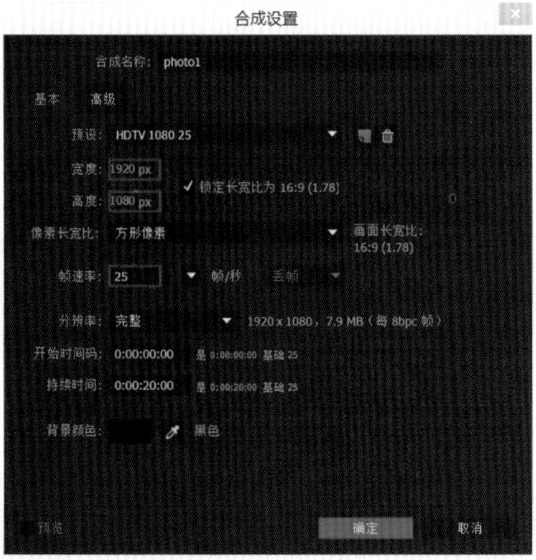

图 15 添加"四色渐变"效果

图 13 设置分辨率

图 14 合成添加背景

对前景图片添加蒙版，调整蒙版羽化值，使得前景画面边缘与背景色能够较好的融合在一起，如图 16 所示。

（2）画面的切片分割处理

再新建一个合成，命名为合成 1，将 photo1 拖入合成 1 中，如图 17 所示。

在合成 1 中，将 photo1 层复制一层，在复制好的图层上添加蒙版，随后对缩放属性和位置属性进行缩放，获得一个错位的图案。添加"投影"效果，通过更改"距离"和"柔和度"属性获得一个好看的投影效果，使得画面具有一定的立体感，如图 18 所示。

图 16 添加蒙版

图 17 新建合成

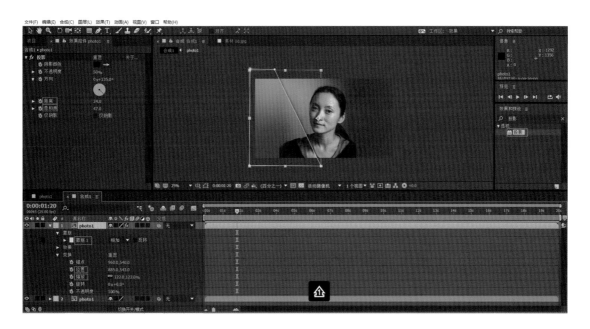

图 18 更改"距离"和"柔和度"属性

再复制几层，运用相似的方法，通过调整蒙版形状、位置和缩放等属性，获得一个有层次，有变化的画面。需要注意的是，在进行画面切割的时候，尽量不要对主要人物的脸部、眼睛等部位进行切割，保证主体在画面中的位置，如图 19 所示。

（3）镜头动画节奏调整。

为了让画面获得动态节奏，首先将所有的图层转化为三维图层，如图 20 所示，于此同时，添加一个摄像机。通过对摄像机的动画设定来控制画面节奏，如图 21 所示。

图 19 设置

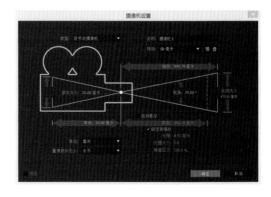

图 20 转换成三维图层

图 21 添加一个摄像机

对"位置"和"z轴旋转"的关键帧进行设定，来调整摄像机动画，如图22所示。为了让动画更加柔和，可以将关键帧的运动类型改变为"缓动"，如图23所示。

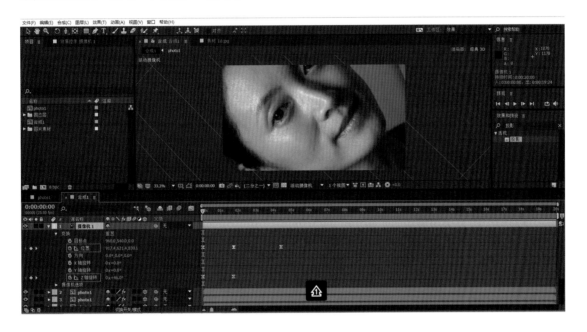

图22 调整摄像机动画

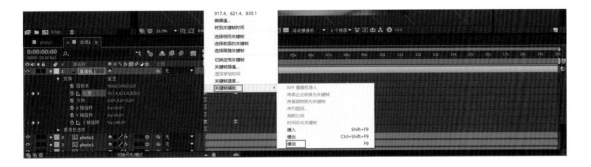

图23 改成缓动

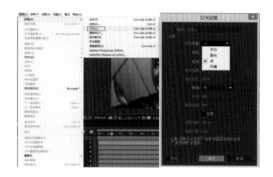

为了使得画面更具层次感,可以再添加一个点光源层。这样,第一个镜头的基本处理就完成了,如图 24 所示,效果如图 25 所示。

以相似的手法处理其余镜头,如图 26、图 27 所示。

图 24 添加光源层

图 25 效果图

图 26　镜头

FILM AND TELEVISION SPECIAL EFFECTS PRODUCTION
影视特效制作

图 27 镜头

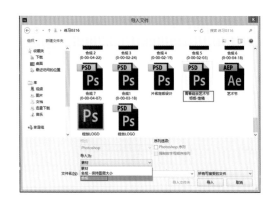

图 28 设定好名片

（4）片名动画制作

项目窗口中，以"合成"的形式导入第一步处理好的"片名定版设计.psd"，如图28所示。以更好地保留 Photoshop 中的图层信息，随后可以选择"合并图层样式到素材"。如图29所示。因为在本项目中，将不再调整 Photoshop 中的图层样式信息。 为导入的新合成添加摄像机，以完成镜头动画，如图30所示。

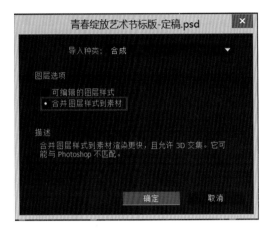

图 29 合并图层样式到素材

图 30 完成镜头动画

图 31 设置参数

3 镜头综合处理

新建一个合成,命名为 final,参数设定为 1920*1080, 25fps,如图 31 所示。然后将之前已经处理好的合成一合成 7 按照时间顺序排列好,如图 32 所示。

图 32 排列顺序

图 33 新建图层

为了让画面在色彩上更加丰富和具有动感，现在需要在合成上添加一些动态的光和色彩。在 final 合成中，新建一个图层命名为：深灰色纯色 2，在该图层上添加一个"四色渐变"的效果，如图 33 所示。调整四个点的颜色，如图 34 所示。

调整四个色点的颜色，于此同时，为四个点的位置添加关键帧，获得一个动态的四色渐变，如图 35 所示。

调整"切换开关 / 模式"，调整该图层与下层的叠加方式为"相加"，如图 36 所示。

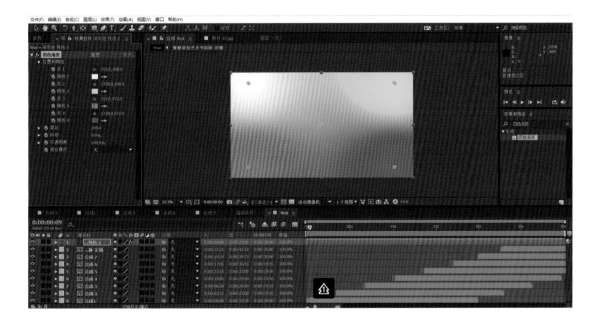

图 34 调整四个点

FILM AND TELEVISION SPECIAL
EFFECTS PRODUCTION
影视特效制作

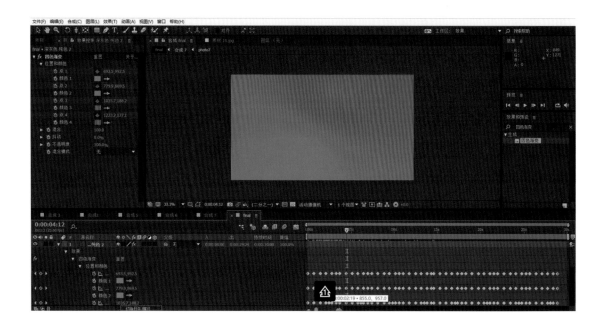

图 35 调整四个点的颜色

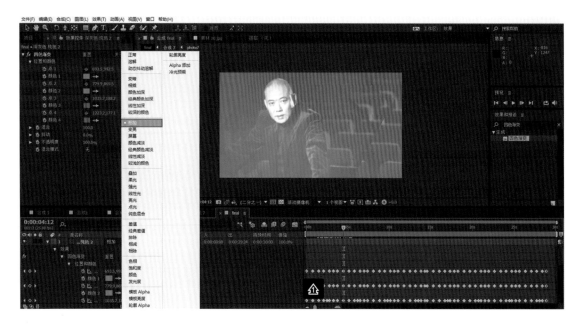

图 36 叠加方式为"相加"

为该图层的不透明度属性添加关键帧，调整其属性，直至获得令人满意的动态光线叠加效果，如图 37 所示。

为了让画面具有更加动感的效果，在画面上叠加部分动态粒子，如图 38 所示。

在项目中新建文件夹，命名为粒子，然后倒入一组已经有的粒子素材。新建一

个合成，命名为：粒子。将已经导入的粒子素材排列好。

然后将"粒子"合成添加到"final"合成中。将其与下层的叠加方式修改为"相加"，如图 39 所示。

由此，已经获得了本个片头的基本动画和效果处理。

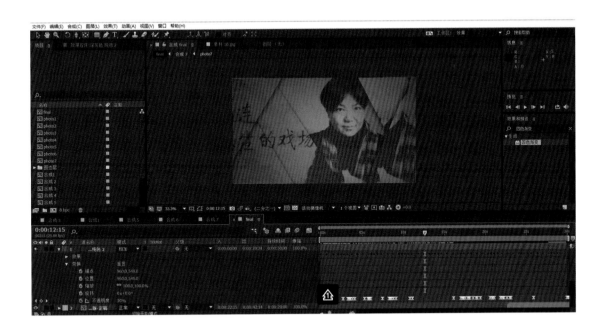

图 37 添加关键帧

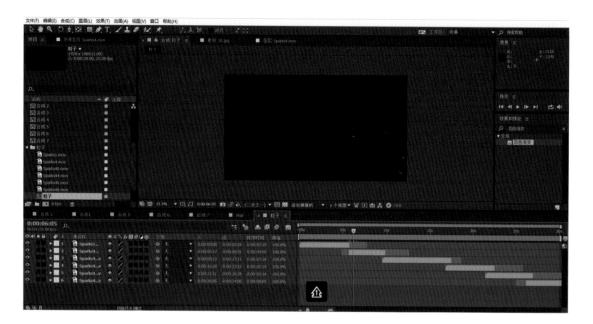

图 38　叠加部分动态粒子

图 39　将"粒子"合成添加到"final"合成中

4 镜头综合输出

对 final 合成进行输出，如图 40 所示。

在渲染队列中，点击"输出模块"的"无损"标签，对输出格式进行设定。根据要求，选择"quicktime"。然后再点击"格式选项"，对其编码和质量进行选择，如图 41 所示。

在"视频编解码器"中选择"h264"，并将画面品质调整为 100，后即可进行输出，如图 42 所示。

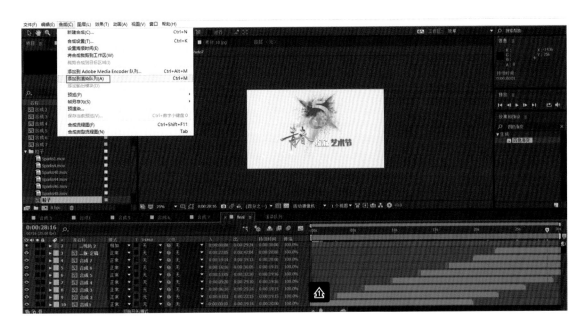

图 40 进行输出

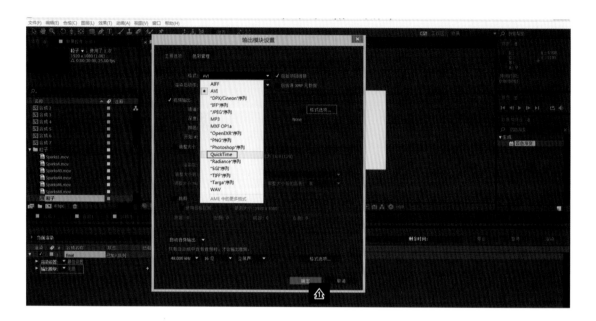

图 41　渲染设置

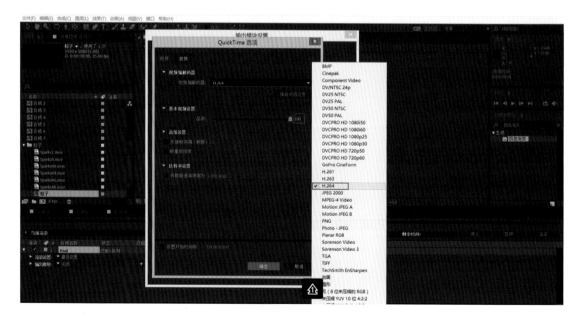

图 42　渲染输出

成片截图如下：

FILM AND TELEVISION SPECIAL EFFECTS PRODUCTION
影视特效制作